윤시현
그리움을 머무름으로 다독이며

옛 촌집을 한옥 스테이로

사람에게 집이란?

　시골 마을을 지나거나 한적한 도로를 자동차로 달릴 때, "촌집 팝니다"라는 글을 한 번쯤 보았을 것이다. 그리고 '저 집을 사서 리모델링하면 어떨까?'라는 생각을 하기도 했으리라. 요즈음 세컨드 하우스를 꿈꾸는 사람도 많이 있다. 평일은 도시에서 주말은 시골에서 전원생활 하는 것이 하나의 로망이다. 그런 생각을 해본 사람이 이 책을 읽는다면 많은 도움이 되리라 믿는다.

　기본적이며 사전적 의미에서의 집은 인간이 삶을 살아갈 수 있도록 추위, 더위, 비바람 등을 막아주는 건물이다. 예전엔 단지 외부 환경 요인으로부터 보호받는 공간이라는 의미가 강했다면, 이젠 그것은 당연한 것이 되었으며, 안락함과 문화를 누리는 공간이라는 의미가 더해졌다. 생명 유지라는 가장 기본적이면서도, 행복한 삶의 영위라는 궁극적 가치, 즉 인생의 처음에서 끝까지 인간과 떼려야 뗄 수 없는 공간이 집이다. 그런 만큼 어떤 집에 사느냐가

삶의 질을 결정한다고 할 수 있다.

집은 세상에서 가장 편한 곳이다. 편한 복장으로 거실에서 텔레비전을 보고 식사하며 씻을 수도 있다. 집은 가족 단위로 거주하는 곳이다. 가족이란 인간관계의 가장 기본적인 단위이다. 가족 구성원이 의식주를 함께 하고 사랑을 나누고 추억을 공유하는 곳이다. 가족은 물질적 정신적 자양분을 나누고 함께 울고 웃는 원초적인 관계이다. 그런 소중한 사람과 소중한 일이 일어나는 곳이 집이다. 그렇기에 사회적으로나 개인적으로나 집은 가장 중요한 의미를 지니는 공간이라 할 수 있다.

집은 재산이라는 의미도 지닌다. 부의 축적 수단으로 집을 활용하는 사람이 많았다. 하지만, 최근 대출 금리 상승으로 서울, 경기, 부산을 비롯해 집값이 강한 내리막을 향해 추락 중이다. 매수 심리가 줄어 매도자는 큰 어려움을 겪고 있으며, 영끌족이 대출 상환을 하느라 몸부림을 치고 있다. 또한, 일본의 부동산 거품의 발자취를 따라갈 수도 있다는 추측성의 글이 SNS를 도배하고 있으며, 방송도 연일 부동산 하락에 대해 거품을 물고 보도한다.

집은 이렇게 우리와 밀접한 관계를 지닌다. 그렇지만 나의 경우 다른 방식으로 집에 접근하여 시골집을 복원했다. 요즈음 도시는 복잡하고 치열하다. 그런 힘든 삶을 집에서 치유받고 새로운 힘을 얻어야 함에도 그렇지 못한 것이 현실이다. 텔레비전 프로그램에 '나는 자연인이다'라는 것이 있다. 힘든 도시를 떠나 자연에서 살고 싶은 도시민의 꿈을 대리만족하게 해 한창 유행 중이다. 하지만 그렇게 살기란 쉽지 않다.

난 울산광역시란 도시에 살고 있으며, 최근 경북 안동에 있는 시골집을 복원했다. 캠핑이 아닌 온전한 집에서 새소리를 들으며 아침을 맞이하고 싶었다. 이런 생각은 나만의 것이 아닌 많은 도시민의 욕망이리라. 요즘 도시민은 시골의 땅을 매입해 손수 수리를 통해 세컨드 하우스로 활용하거나, 상업적인 이익을 위해 리모델링한다. 하지만 나는 우후죽순식으로 생겨나는 한옥 스테이 트랜드 따라하기식은 하고 싶지 않았다. 내가 나고 자란 집을, 내가 바라보는 집에 대한 관점에서 한옥을 복원했다.

한옥은 전통과 현대의 결합이다. 빠른 서구화로 인해 전통의 의미가 퇴색된 것이 현실이다. 하지만 과거 없이 현재는 존재할 수 없으며 의미도 없다. 과거 지향이 아닌 전통을 살린 미래 지향이 더 가치가 있다. 과거를 잃어버린 채 사는 것이 아닌, 우리 민족의 전통과 얼이 살아 숨 쉬는 한옥을 현대에 맞게 되살리는 것이 진정한 전통 계승이리라. 한류가 전 세계에 확산되고 있으며, 한국적인 것이 세계적이란 말도 생겼다. 한옥 또한 마찬가지로 한국을 대표하는 집이다. 그런 집을 복원했다는 것에 나름의 자부심을 느낀다.

한옥을 복원하고 나서 '율시헌(栗柿軒)'이란 이름을 지었다. 집 마당엔 100년도 넘은 밤나무(栗)와 감나무(柿)가 있다. 그것과 추녀 혹은 집이란 의미가 있는 한자 헌(軒)자를 따와 '율시헌'이라 한 것이다.

이 책에는 시골집을 복원하게 된 동기와 집을 복원하는 과정에서 생긴 힘들었던 경험담, 그리고 현재 활용하고 있는 상황 등을 담았다. 처음에 언급했듯이 도시를 벗어나 시골집을 복원해 살아보고 싶다고 생각한 많은 사람이 있을 것이다. 만약 이 글을 읽는 독자가 그런 사람이라면 많은 도움이 될 것이다. 또한 이 책을 읽고 시골집을 복원해보겠다는 새로운 꿈을 품게 된다면 큰 보람이겠다.

2023년 10월
율시헌에서 권오학

목차

3장 허물려고 했을땐 폐가였지만, 품었더니 멋진 집이 되었다

4장 그리움을 머무름으로 다독이는 공간이 되었다

5장 한옥스테이에서 생긴 일

나고 자란 시골집!
흉물스러운 폐가가 되었다

1장

버킷리스트와 살아가는 삶

사람들은 각자의 라이프 스타일을 가지고 살아간다. 지금의 내 또래인 40대 중반 대다수는 어렸을 적 장래 희망란에 멋진 직업을 적었을 것이다. 그런데 그 목표를 이룬 사람은 얼마나 될까? 나의 두 아들뿐만 아니라 요즘 초등학생의 장래 희망은 연예인, 건물주, AI 공학자 등 예전과는 많이 달라졌다.

인간을 대신할 기계의 발전, 변화의 주기는 점점 빨라지고 있다. 이 시대를 사는 우리는 문득 이런 생각을 하곤 한다. '트렌드나 유행에 뒤처져 있는 것은 아닐까?' 혹은 학생을 키우는 학부모는 '아이들과 적절히 소통하고 있나?' 정답은 없는 것 같다. 그저 현실에 조금씩 맞춰가거나, 힘든 상황이 닥치면 어떻게든 극복하려 하고, 나이가 들어서는 인생의 절정기 때 추억을 되새기며 살아간다. 많은 사람이 예전의 꿈을 잊어버리고.

난 40대 중반의 평범한 직장인이자, 한 여자의 남편, 두 아들의 아빠이다. 2021년 12월 회사에서 근무지 변경의 기회가 생겨 현재 울산광역시에서 생활하고 있다. 여기에 와서 훨씬 더 가정적으로 바뀌고 외출이나 술자리도 줄어들었다.

17년을 서산에서 생활하다 울산으로 이사 왔고, 이곳에서는 외지인이다 보니 당연히 지인도 없고, 50을 바라보는 나이에 새로운 친구를 사귀기도 어렵다. 하지만 울산은 여가 활동이나 자기 계발 인프라 선택의 폭도 넓어 여러모로 만족하며 살고 있다.

올 초부터 취미활동으로 배우는 것이 있는데, 거기 모인 형님, 누님들과 탁주 한잔하며 이런 주제로 이야기를 한 적이 있다. 그곳에 모인 사람의 평균 나이는 60세가 넘는다. 제일 나이가 많은 사람은 75세, 그다음은 72세, 70세, 56세, 54세, 그리고 45세! 내가 막내다. 이야기의 주제는 인생의 버킷리스트였다. '75세 먹은 노인이 무슨 버킷리스트냐?' 라고 생각할 수도 있지만, 요즘은 100세 시대가 아닌가? 몸이 허락하는 한 뭐든지 배우려 하는 의지와 포기하지 않는 끈기가 가장 중요하다고 생각한다.

술이 어느 정도 오를 무렵 대기업 임원까지 한 70대 한 분이 나에게 "자네는 버킷리스트가 뭔가? 그리고 몇 개나 이뤘는가?" 라며 물었다. 사실 난 예전부터 나의 인생 버킷리스트를 정하고 하나씩 차근차근 이루고 있고, 앞으로도 이루려고 전진할 것이다. 달성한 버킷리스트는 뒤로 하고, 앞으로의 버킷리스트는 매년 새롭게 리스트를 작성한다. 지금 이 글을 쓰는 이유도 책 한 권 발간하는 것이 버킷리스트에 들어있기 때문이다. 자서전을 쓸 훌륭한 사람도 아니고 소설을 써 작가에 도전하는 것도 아니고 단지 작년에 이룬 나의 버킷리스트를 기록으로 남기며, 다른 사람과 공유하고 싶다는 두 번째 버킷리스트에 도전하고 있는 것이다.

기억은 시간이 지나면 점점 옅어지고 잊혀지기에 지금, 오늘이야말로 무언가를 시작하기에 가장 빠른 날이라고 생각한다. "구슬이 서 말이나 되어도 꿰지 않으면 보물이 될 수 없다"라는 말도 있다. 나의 어릴 적 꿈이 아닌 현재 이루었거나 시행하고 있는 작은 꿈 인생 버킷리스트는 다음과 같다.

첫 번째, 옛집 복원하기(21년 6월 달성)
두 번째, 자비 출간이 아닌 기획 출간으로 책 한 권 출간하기(23년 달성목표)
세 번째, 한시 백일장 입상하기(현재 진행 중)
네 번째, 대금 콩쿠르 입상하기(현재 진행 중)

앞으로도 계속 버킷리스트는 업데이트될 것이다.
그냥 살아도 살아진다.
하지만 살아진다는 것과 살아간다는 것은 많은 차이가 있다.
삶의 태도에 관한 것이다.
살아지는 것은 수동적인 의미를 지니며, 살아간다는 것은 나의 의지가 개입된 능동적인 의미를 지닌다.

윤시헌, 그리움을 머무름으로 다독이며

자신의 주관대로 사는 삶과 그냥 살아지는 대로 사는 삶에는 결과
에서, 많은 차이가 날 것이다.
내 인생보다 가치 있는 삶을 살고 싶다.

그래서 계속해서 목표(버킷리스트)를 설정하고, 그것을 이루기 위
해 노력해 갈 것이다.

1971년 율시헌, 옛집이 지어지다

율시헌의 전신인 옛 시골집은 71년 임자년, 아버지가 지은 70년대 스타일의 개량한옥이다. 근대 한옥에서는 볼 수 없는 요즘으로 치면 아파트 베란다와 같은 테라스 공간도 있으며, 당시 나름대로 신경을 써서 지은 집이다.

경북 안동 중심가로부터 8킬로미터, 작년 경북 봉화 탄광 사고에서 무사 귀환한 광부가 입원했다가 건강한 모습으로 퇴원했던 강남동의 안동병원을 지나, 대구 방면으로 왕복 4차로 오르막을 지나면 안동의 동서남북에 하나씩 설치되어 있는 사대문 중 하나인 남례문이 나온다. 그곳을 지나면 자암산이 뒤를 감싸고 하회마을과 비슷한 사행하천의 특성이 있는 미천(경북 의성에서 경북 안동까지 흐르는 눈썹처럼 생긴 하천)이라는 작은 하천이 흘러가는 곳에 있다. 대구 안동 간 5번 국도가 집 바로 앞을 지나고 안동 시내와는 지척인 10분 거리에 있다. 남안동IC에서 10분 거리, KTX 안동역과 터미널도 10분이면 갈 수 있는 시골이지만, 꽤 접근성이 좋은 동네이다. 지금은 철로를 걷어냈지만, 작년까지만 해도 중앙선 철도가 지나가는 게 보였다. 가까이 무릉역이 있고 집 뒤에는 산이 있으며 앞으로는 강이 흐르는 전형적인 배산임수의 지리적 여건을 갖추었다.

예전에는 우리 동네를 구린날 혹은 동진부락이라고 불렀다. 배를 탈 수 있는 포구가 있었으며, 현재는 행정구역상 경북 안동시 남후면(남녘 남, 뒤 후) 광음1리(빛 광, 소리 음)라고 불린다. 안동 사람에게 '암산쁘드장'이라 하면 99%는 다 아는 동네다. 2014년 개봉한 아는 사람만 안다는 심혜진, 노유민 주연의 영화 '왔니껴' 촬영 장소이기도 하다. 나도 이런 영화가 있는지 얼마 전에야 알았다.

또한 교통을 위해 뚫은 건지? 아니면 6·25 때 소련제 탱크를 탄 인민군이 대구 쪽으로 지나가기 위해서인지? 확실하지 않지만, 큰 바위를 뚫어 만든 굴다리와 측백나무 자생지, 암산폭포, 암산유원지, 무릉유원지, 27여년 전에 만든 안동 최초의 놀이공원인 무릉랜드가 있다. 조선 후기 유학자인 이상정 선생의 학문과 덕행을 추모하기 위해 지은 고산서원을 비롯해 최근에는 안동에서 가장 화젯거리인 커피숍 폴모스트와 하회 블랑제리 등 유명한 곳이 많다.

매년 소한과 대한 사이 한강 이남에서는 유일하게 '안동 암산얼음축제'가 열려 대구와 경북은 물론 전국적인 규모의 축제가 열린다. 2020년~2022년 초까지는 코로나로 인해 열리지 않았으나 스케이트장, 썰매장 운영은 했다. 2022년 말부터는 얼음조각, 스케이트, 썰매, 컬링 등 동계스포츠는 물론 빙어 잡기, 팽이치기, 눈사람 만들기와 같은 체험을 할 수 있는 프로그램과 석빙고 얼음 채취를 재현하여 소달구지에 옮겨 끌고 가는 행사까지 다채로운 행사가 열린다.

70년대 남후면 조합장을 하신 아버지는 그 당시 2층 양옥집 한 채 짓는데 50만 원이었고, 한옥 한 채는 200만 원이 들었다고 한다. 양옥의 4배 금액이었다. 50년이 지난 현재 양옥 한 채 지을 때 3억 정도의 비용이 든다면 한옥은 10억 수준이라 추측된다. 그 당시 동네에는 20여 가구가 있었는데 전부 초가집만 있었고 집 앞으로 대구~안동 간 도로가 낮게 있을 때는 차를 타고 지날 때 옛날 우리 집 보였다고 한다. 97년에 교량 공사를 하고 도로를 높이기 전까지는 말이다. 최근엔 마트 창고가 들어오고 예전 집을 허물고 신식 혹은 2층으로 전원주택이 한두 채 지어지면서 차를 타고 가면서 보면 율시헌은 집과 집 사이로 잠깐 보이는 수준이 되었다. 도심의 문화재들이 높은 빌딩들 사이에 숨겨지듯, 나의 시골집 율시헌도 세월의 흐름에 주변 건물에 가려지게 되었다.

옛집, 고향 집, 시골집, 촌집 등 전부 비슷한 느낌이지만, 나에게 있어 율시헌은 경험해 보지 않으면 느끼지 못하는 특별한 존재였다.

옛집에서의 성장기

한국 정신문화의 수도라고 일컫는 경북 안동! 나래 푸른 기러기의 몸짓이 조석으로 하늘가를 흔드는 11월 11일 오늘이 이 글을 쓰는 나의 생일이다. 45년 전인 1978년 늦은 가을, 이 시골집이 지어지고 7년 후 내가 태어났다. 막둥이였던 나는 이복형제들과는 나이 차이가 많이 났다. 그들은 친구의 부모님과 비슷한 연배였다. 초등학교 친구 아버지 몇 분은 실제 형님의 친구였다. 요즘도 한 번씩 친구 아버지를 만나면 형님으로 불러야 할지? 어른이라 불러야 할지? 헷갈린다. 또한 그것으로 친구에게 장난을 치곤한다.

내가 태어날 즈음 형제들은 모두 출가하여 나는 외동? 독자? 같은 느낌으로 연로하신 부모님과 함께 살았다. 겨울이면 아궁이에 군불을 때고 가마솥의 뜨거운 물을 받아 세수와 목욕을 하며 살았다. 그 후 연탄보일러로 기름보일러로 바뀌었다.

　또한 아래채에는 우리 집 일을 했던 이 노인과 버버리^{(언어 장애}
^{인)} 노인이 살았는데, 강변에 나가 소에게 먹일 풀을 하러 갈 때면
나를 소등에 태워 가곤 했다.

시골집은 어린 시절 나에게 최고의 놀이터이자 휴식처였으며, 한옥 생활 그 자체였다.

동네에는 또래가 없어 4~6살 많은 형들을 졸졸 따라다녔다. 여름에는 집 앞 강가에서 수영하거나 물고기를 잡아 매운탕도 끓여 먹고 과일 서리도 하고 뱀을 잡아 소주병에 넣어 어떤 할머니에게 팔기도 했다. 짐을 한가득 싣고 안동 시내로 향하는 경운기 뒤에 몰래 올라타기도 하는 등 재미있고 영원히 잊히지 않은 추억거리가 많다. 큰 과수원을 했던 우리 집은 일을 할 때 부모님은 사과나무 밑에 보자기를 깔아놓고 나를 눕힌 후 일을 했다고 한다. 어머님은 5분마다 한 번씩 들락날락하면서 말이다. 왜 그랬냐고 물으니, 뱀이나 벌레들이 있을까 싶어서였다고 했다. 요즘 같으면 상상도 못 할 일이다.

예전 집 뒤편에는 '우리집'이라는 양로원이 있었는데 공작새, 거위, 각종 동물이 많아 미니동물원과 비슷한 수준으로 관리했는데, 천주교 안동교구로부터 많은 지원을 받았다. 천주교를 믿는 분이라면 알 만한 프랑스인 두봉 신부님(69년부터 90년 초반까지 안동 교구장 역임)님과 임종하신 고 김수환 추기경도 나의 시골집에 오셔서 담소도 나눴고, 300원짜리 빵빠레와 용돈을 주셔서 받은 기억도 있다. 아버지와 김수환 추기경, 두봉신부님, 양로원 주인 네 분 모두 살아계시면 100세 정도의 나이였기에 지금 돌이켜보면 친구처럼 지낸 것 같다.

뒷산에 올라 대나무를 꺾어 활과 화살을 만들고 달리기, 높이뛰기, 멀리뛰기, 창던지기, 수영, 자전거 등과 같이 하계 올림픽 종목을 따라 하며 놀았다. 그리고 겨울이면 암산유원지에서 스케이트, 외발 썰매를 탔고 나무망치로 얼음을 깨서 고기를 잡았다. 아이스하키를 하기 위해 집에 있던 투망을 잘라 골대 그물을 만들고 쌕쌕이 캔을 찌그려 공으로 이용했다. 그중 가장 중요한 하키채는 나무로 만들었는데 형들과 친구들과 함께 치수를 규격화했던 기억이 난다.

서울 리라초등학교에 쇼트트랙팀이 있듯 안동에는 대구교대 안동부속초등학교에 쇼트트랙팀이 있었다. 80~90년도 당시 돈 좀 있고 승용차를 보유했던 집의 애들이 쫄쫄이를 입고 메가네를 끼고 연습을 하곤 했다. 즉 그 애들은 엘리트 스케이트 교육을 받았고 우리는 제대로 된 교육 없이 프리스케이팅을 했다. 하지만 막상 시합하면 우리가 다 이겼다. 촌놈들의 악바리 근성이었는지? 어깨 너머 배운 게 도움이 되어서인지? 아무튼 매년 겨울이 되면 동틀 무렵부터 해 질 녘까지 손발이 부르트고 콧물이 나든 말든 얼음 위에서 살았다.

또래 친구 부모님보다 연세는 많았지만, 일본에서 고등교육을 받으셨고, 매우 자상하시면서 엄격한 부모님이었다. 초등학교 1학년 때부터 하루에 한자 세 글자씩 외웠는지 검사를 받을 만큼 한자 교육을 중요시했다. 명심보감, 삼십육계, 손자병법, 사서삼경을 비롯하여 여러 한학도 배웠다. 어릴 땐 무척이나 싫었는데, 현재는 살아가면서 많은 도움이 되고, 특히 젊은 시절 한자 능력 시험, 일본어, 중국어 자격증을 취득할 때 100점 만점에 70점은 먹고 들어간 것 같다.

　중학생이 될 무렵 어느 설날이었다. 서울 큰형님 내외와 부모님은 안방에서 나의 교육에 대해 얘기했다. 시골에 두지 말고 서울에 데려가서 교육을 시키겠다는 얘기를 듣고 어린 나이였지만 큰 충격을 받았다. 물론 형님, 형수님이 잘해주겠지만 부모님과 떨어져 과연 살 수 있을까? 서울에 가서 공부를 못하면 어쩌지? 나의 의견을 말할 수도 없었는데, 어떤 결과가 나올지 궁금했다. 결국은 서울로 안 가고 안동 시내에 있는 중학교로 진학하여, 고등학교까지 시골에서 다녔다. 집은 안동 시내와 가까운 위치였고 버스로 20분 정도면 학교까지 갈 수 있었다. 막차가 7시 30분이라 늦게까지는

놀 수 없어 항상 아쉬웠지만, 막차를 타고 집에 와서 숙제와 공부를 하고 미래를 꿈꾸며, 나의 10대는 흘러갔다.

　안동이라는 보수적인 도시. 또한 유교 사상에 젖으신 아버지는 대학을 한문학과 혹은 중어중문학과에 입학하는 것을 원했지만, 나는 대도시의 등록금이 비싼 음악대학에 진학했다. 사실 어릴 때 음악학원에 다녔고, 특히 고등학교 땐 동아

리에서 악대부, 취타대 등 취미로 음악 활동을 계속해오다가 고등학교 2학년 무렵 음대에 진학하고자 레슨도 받고 하루에 10시간 이상 노력했다. 물론 부모님의 반대에 부딪혔지만 설득하고 애원도 하고 몇 달을 고생한 끝에, 복수전공으로 한문학을 배우겠다는 조건으로 허락을 받았다.

97년 개나리가 필 무렵 멋진 삶을 꿈꾸며 내 인생 젊음의 도화지를 채우기 위해 대학에 갔다. 그해 겨울 IMF가 터졌고, 사업가의 도산, 직장인의 정리해고, 금 모으기 운동 등 대학 1년생인 나에게도 부정적인 생각으로 머릿속이 복잡했다. 미래와 진로에 대한 막연한 불안감. 과연 악기 전공을 해서 밥은 먹고 살까? 잘 돼야 음악 선생님이나 되겠지? 많은 생각과 개인적인 사정으로 자퇴를 했다. 군대에 갈까도 했지만, 무엇 때문이었을까? 자포자기하는 맘으로 98년 봄에 안동에 있는 대학에 들어가서 1년을 놀다가 다음 해 봄 군대에 갔다. 군 전역 후 졸업하니 어느덧 20대 중반의 건장한 청년이 되어 있었다.

시골집을 떠나다

군 전역 후 대학교를 졸업하니 어느덧 20대 중반의 건장한 청년이 되었지만, 아버지는 연로하셔서 2004년 12월 노환으로 돌아가시고, 어머니와 난 안동 시내에 있는 집으로 이사하였다. 이 집은 장손인 큰형님의 아들인 조카 명의였고, 허리가 굽으신 어머니가 계단을 오르락내리락할 때 넘어지면 큰 사고가 날 수도 있기에 위험했다. 이사 가던 날 뒤돌아봤던 시골집. 그땐 '다시는 이 집에서는 못 살겠구나!' 마지막일 줄 알았다.

몸이 떠나면 마음도 잊힌다는 말처럼 이사를 오고 얼마 후 난 충남 서산에 있는 현대 자동차 계열사인 자동변속기 회사에 입사하며 어머니와 떨어져 살게 되었다. 안동과는 승용차로 3시간이 넘는 거리였지만, 혼자 계시는 어머님이 걱정되어 한 달에 한 번씩은 안동에 와서 어머님과 병원도 같이 가고 친구들과 놀기도 했다.

일요일 저녁, 다시 서산으로 가기 전에는 항상 옛집에 들르곤 했다. 여전히 마당 한가운데는 감나무가 늠름하게 있었고, 밤나무 역시 같은 자리를 지키고 있었다. 방에 들어가서 스위치를 켰지만, 더는 전기가 들어오지 않고 사람의 손길이 떠난 집 대청마루에는 먼지만 소복하게 쌓여 있을 뿐이었다.

뒤뜰에 있던 큰 항아리들, 예전에 쓰던 구식 농기구들, 작은방에 있던 아버지가 제사 때 쓰셨던 갓, 예전 놋그릇과 제기들, 개다리소반 등 골동품들은 고물상을 위장한 좀도둑들이 몇 번씩은 다녀간 듯 전부 사라졌다. 집 구경을 30분 남짓하고 언제 올지 모를 옛집과 헤어졌다. 내 소유의 집도 아닌데 마치 내 것인 것처럼… 아들 군대 보내고 훈련소에서 뒤돌아서는 부모님의 발걸음처럼 옛집을 떠날 때면 항상 아쉽고 오랜 시간 그 집은 내 머릿속에 여운이 남았다.

세월이 흘러 한 여자를 만나 결혼하고 두 아들이 생겼다. 어릴 때 환경 탓인지 나 또한 옛것을 좋아하고 나이에 안 어울리게 가부장적인 아빠가 되었다. 이렇게 글을 적으면 아버지 세대의 완전 안동 사람이라고 착각할 수도 있을 것 같지만 나름 센스도 있고 덩치에 안 어울리게 감각적이고 디테일한 면이 없지 않다고 나름대로 생각한다.

2021년 12월 서산에 살 때까지만 해도 서산을 비롯해 당진, 예산, 홍성, 보령, 아산 등 주변을 주말이면 도시락을 싸서 아이들과 소풍을 다니곤 했다. 목적지는 아이들이 싫어할 만한 매헌 윤봉길

의사 기념관, 백야 김좌진 장군 기념관, 만해 한용운 선생 기념관, 추사 김정희 기념관, 정순왕후생가, 서산 해미읍성과 간월도, 아산 공세리 성당, 김대건 신부의 당진 솔뫼 성지, 예산 수덕사와 백제의 미소로 유명한 서산마애삼존불 등 유적지를 많이 다니곤 했다. 근현대사적으로 유명한 분들과 명소가 아주 많은 곳이기도 하다.

충남 서산이라 하면 '서산 갯마을'이나 똑딱선 기적소리로 시작하는 '만리포 사랑'이 생각날 만큼 밀물과 썰물이 유명한 서해의 도시이며, 서해안 고속도로 개통으로 수도권 사람이 주말에 많이 찾는 곳이기도 하다. 또한 서산 개척단의 아픈 역사가 있고 정주영 양떼목장과 현 프란치스코 교황이 다녀간 천주교 순례의 성지 해

미읍성이 있는 작은 도시이다.

　이곳에서 17년을 살다 보니, 안동은 그냥 내가 태어난 곳, 명절
이 되어도 부모님도 안 계시고, 안동에 간다고 해도 잠잘 때도 없
는 막막한 그런 곳이 되었다. 그럴수록 옛집이 더 생각나고, 아내
몰래 옛날 앨범을 꺼내 한 장 한 장 넘겨보는…, 추억이 그리웠다.

　이런 표현이 맞는진 모르겠지만, 마치 북에서 온 실향민이나 탈
북인처럼 명절이 되어도 아무 곳도 갈 수 없는 그런 기분, 마흔살
이 넘으니 더더욱 그랬다.

내 품에 들어온 시골집

　더더욱 노쇠해지신 어머니는 혼자 사는 안동이 아닌 아들, 며느리, 두 손자가 있는 서산으로 오셔서 함께 살게 되었다. 두 손자의 옹알이와 재롱을 보면서 말이다. 출근 후 집에 없는 나보다 아내가

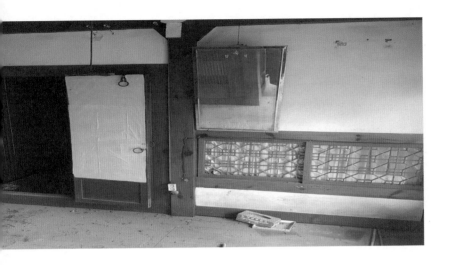

함께 살면서 많이 힘들었을 것이다. 요즘 세상에 30~40대 며느리가 80대 어머니를 모시고 사는 것은 흔한 일이 아니다. 동남아에서 온 며느리도 도망가는 세상이 아닌가? 친구들이나 회사에서 속마음을 털어놓는 몇 명의 동료들은 소주만 몇 잔 들어가면 "형! 형수 같은 사람 없어요, 잘해주소!"

나도 알고 있지만, 경상도 사나이의 그 무엇이 입 밖으로 나오는 얘기를 막아버리곤 했다.

함께 10여 년을 같이 살던 어머니는 자기 몸조차 가눌 수 없는 처지가 되면서 집에서는 보살핌이 힘들만큼 약해져 갔다. 유치원에 다니는 아들이 할머니 방에 들어가면 이상한 냄새가 난다고 할 즈음, 어느 날 어머님이 먼저 가까운 요양원으로 보내달라고 했다. 눈물이 주르륵 흐르는 이상한 상황을 경험했다. '후유, 어떻게 하지?' 반문하며 여러 날을 고민하고 또 고민했다. 그리고 얼마 후 보따리에 속옷, 양말, 여름, 겨울옷 몇 벌을 챙겨 집을 나섰다. 파킨슨병의 특징인 걸음이 잘 안 걸어지고 앞으로 꼬꾸라지는 어머님은 그 날따라 잘 움직였는데, 내 발걸음이 앞이 아닌 뒷걸음질을 하는 것을 느끼자 어머니는 오히려 "괜찮다, 가자." 라고 하셨다.

엘리베이터를 타고 내려와 어머니를 차에 태웠다. 어머니에게 티를 안 내려 어금니를 꽉 깨물며 운전하여 10분 거리에 있는 요양원에 도착했고, 그날부터 어머니와 나는 주말 모자가 되었다.

한 주도 빠짐없이 매주 두 아들과 함께 요양병원을 찾아갔다. 그 무엇이 이보다 더 반가우랴? 어머니는 물론 다른 어르신들도 두 아들의 재롱을 보시고 입이 귀에 걸리고 춤을 추는 어른도 계셨다. 거기에 계시는 어르신의 자녀들은 거의 나보다 나이가 10살 이상 많았다. 어머니가 나를 마흔이 훌쩍 넘어 낳으셨기 때문이다. 다른 어르신들은 어머니에게 말했다.

"막둥이가 젤 효자구먼, 나도 늦게 아들 하나 낳았어야 했는데…"

요양원 생활 2년이 다 될 무렵 2017년 11월 말 주말 아침이었다. 다급한 간호사의 전화가 걸려왔고 난 병원으로 뛰어갔다. 응급실에 계신 어머니는 여느 때와 같은 모습이었지만, 산소 포화도가 조금씩 떨어진다는 말을 의사로부터 들었다. 조금 지켜보고 더 떨어지면 중환자실로 옮겨야 한다고 했다. 아무렇지도 않은 모습에 조금 있으면 괜찮아지겠지 하고 있었는데, 점점 힘들어하셨고 얼마 후에는 주무시는 것처럼 눈을 감고 아이처럼 새근새근 코로 힘든 호흡을 하시는 게 아닌가? 의사는 2층 중환자실로 옮겨야 한다고 했고 손쓸 겨를도 없이 어영부영하는 사이에 2층 중환자실로 옮겼다. 상태는 더 나빠져 고무 튜브를 목으로 삽입하여야 한다며, 할 건지 말 건지를 물었다. 빨리 선택하라고 재촉했다. 상황상 안 꽂으면 힘들 것 같다고 하고, 만일 꽂을 시 뺄 수는 없다고 했다. 빼면 살인이라고 했다. 그리고 꽂고 무의식으로 10년을 살 수도 있다고 했다. 어떻게 될지는 아무도 모른다고 하였다.

형제가 몇 명인지를 물었고, 형제끼리 합의하여 결정하라고 했다. 경험은 없었지만 무슨 의미인지 알 수 있었다. 이런 상황에서 난 꽂으라고 했고 의사는 과감히 관통하여 꽂았다. 꽂으면 눈을 뜨실 줄 알았는데, 점점 상황이 더 안 좋아져 드라마에서만 보던 맥박 측정 기계가 갑자기 한 줄로 변하면서 "삑" 하는 소리가 내 귓가에 선명하게 들렸다. 또다시 두 눈에는 눈물이 하염없이 흘렀다. 임종은 지켰으나 마지막 인사도 한마디 못 하고 한참을 쳐다보았다.

회사 친구 하지홍, 김영범, 홍성민, 이도환 4명이 월차를 쓰고 혼자인 나를 위해 발인 및 봉안당까지 함께 해준 덕에 무사히 장례를 마치고 서산시에서 운영하는 인지면 희망공원에 모셨다.

11월 말 어머니가 떠난 그해 12월 서울 큰형님에게 전화가 왔다. 옛집은 조카 명의였고, 옛집에 들어가기 위한 대지는 나의 명의였기에 정리가 필요했다.

서로의 입장 차이로 2018년, 2019년, 2020년…. 시간은 흘렀고, 3년이 훨씬 넘는 기다림 끝에 어렵게 내가 집을 매입하기로 합의하고, 2020년 9월의 어느 날 법무사사무실에서 만난 우리는 서류에 도장을 찍었다.

드디어 내 품에 돌아온 옛집이었다.

일본 나고야! 아버지의 흔적을 찾아서

진짜 내 품으로 돌아온 시골집! 마당을 한참 바라보고 보았다. 말로 표현을 못 할 정도로 그 무엇이 가슴을 뛰게 했다. 영화를 보면 테이프를 뒤로 돌려 현재의 시간을 과거의 시간으로 바꾸는 장면이 있다. 시골집 마당에서 서니 약 40년 전, 아버지가 나무에서 감을 따서 나에게 주고 아버지의 손을 잡고 감을 맛있게 먹는 어린 내가 보였다. 행복한 상상이 파노라마 영상처럼 눈 앞에 펼쳐진 것이다.

한참을 멍하게 있다가 별채에 있는 창고를 정리하기로 했다. 3단 크기의 유리장으로 장식된 큰 책장과 영화에서 돈박스로 자주 나오는 오래된 '경북능금' 박스가 여러 개 있었다. 먼지가 수북이 쌓인 오래된 서적과 70년대 대학 교재들, 상패 등 옛날 물건이 엄청 많았다. 그중 육상 400미터 계주 때 쓰는 바통처럼 생긴 아주 오래된 가죽으로 된 물건이 보였다. 나는 그 물건이 졸업장을 보관하는 거라는 것을 직감으로 알 수 있었다.

원형으로 생긴 졸업장 케이스에 쌓인 먼지를 후~ 불어내고 좌우로 돌려서 꺼내 보았다. 그것은 아버지의 일제강점기 때 소학교 졸업장이었다. 시골집에서 차로 5분 거리에 있는 일직보통학교(현, 일직초등학교)였다. 교장 이름은 北村朔生(북촌삭생)_일본명 키타무라 사쿠세에 그리고 일본 연호인 昭和(소화) 11년, 서기로 치면 1936년 졸업이었다.

그리고 또 하나의 졸업장 케이스가 있었고, 그 안에는 일본 나고야 금성중·고등학교 졸업장이 있었다. 그 시절 일본으로 유학을 하러 간 것을 보면 안동에서는 제법 부유층으로 살았고, 할아버지 또한 교육열이 대단했던 것 같다. 야후 재팬과 네이버를 통해 나고야 금성학교 이름을 검색했더니 지금은 東邦高等學校(동방고등학교_일본명. 토호 고등학교)로 교명이 바뀌어 있었고 일본의 여느 고등학교처럼 야구부가 있는 학교였다.

야구를 좋아하는 사람이면 안다. 일본 고교생 꿈의 무대인 '고시엔 대회'가 매년 여름에 열린다는 사실을. 일본 프로야구팀인 한신 타이거스의 홈구장에서 열린다. 한신 타이거스도 8월 한 달은 경기장을 비워줄 만큼 유명한 대회이다. 일본에는 4천 개가 넘는 고교 야구팀이 있고, 그중 지역 예선을 통과한 30여 개 팀만 본선에 올라오고 여기서 실력을 겨루어 우승팀이 정해진다. 우리가 잘 아는 메이저리거인 노모, 이치로, 다르빗슈, 오타니 같은 선수도 고시엔 대회에는 출전을 못 했다고 한다.

졸업장을 발견한 것은 공사가 시작되기 전이다. 아버지 학창 시절의 사진을 구하고 싶다는 생각이 들었다. 토호 고등학교 홈페이지에 들어가서 총동창회 쪽으로 메일을 보냈다.

얼마 후 답장이 왔다.

クォン・オハク様お問い合わせありがとうございます。東邦高校同窓会東邦会事務局柴田と申します。その時代は木材の建物で、爆撃により校舎や資料が 全部焼失しました。したがって東邦高等学校同窓会では昔の資料を持っておらず、個人情報保護の観点からもお答えできません。ご希望に添えず大変申し訳ございませんが、どうぞよろしくお願いします。

東邦高等学校 事務局柴田 052-782-1171

권오학 님

문의주셔서 감사합니다.
토호 고등학교 동창회 토호회 사무국 시바타라고 합니다.
그 시절에는 목재 건물이었고, 폭격으로 인해 학교 건물과 자료들이 전부 소실되었습니다.
따라서 토호 고등학교 동창회에서는 옛 시절의 자료를 갖고 있지 않으며,
개인정보 보호의 관점에서도 대답할 수 없습니다.
희망에 부응하지 못해 대단히 죄송합니다만, 잘 부탁드립니다.

토호 고등학교 사무국 시바타 052-782-11기

80년이 지난 예전의 자료를 찾는 것은 무리였다. 예전부터 일본의 여러 도시를 여행했지만, 일본에서 3~4번 째로 큰 대도시인 나고야를 가보지는 못했다. 언젠가 기회가 되면 토호 고등학교를 들러 운동장에 서 있을 큰 나무 밑에서 하늘을 바라보며 아버지 이름을 외쳐보고 싶다.

고시엔의 야구가 끝난 후 선수들이 손으로 마운드의 흙을 울면서 담는 것처럼 토호 고등학교 운동장에 있는 한 줌의 흙을 가져와서 아버지의 산소에 갖다 드리고 싶다.

옛집을 복원한다는 것은 여러 의미가 있다. 그중 하나는 뿌리에 관한 것이다. 한옥은 우리나라 집의 뿌리다. 현대 집의 상징이 아파트라면, 과거 집의 상징은 한옥이다. 한옥을 되살린다는 것은

현대에 과거의 숨결을 불러온다는 의미다. 그것이 전통을 현대 트 랜드에 맞게 복원하는 것이다.

뿌리는 물질적인 것만을 의미하지 않는다. 정신적인 뿌리, 문화의 뿌리도 중요한 의미이다. 대중적인 뿌리도 중요하지만, 나에게는 개인적인 가족의 뿌리도 중요했다. 나의 뿌리는 당연히 내 부모님이다. 전통의 집인 한옥 복원이 물리적인 뿌리라면, 부모님을 되새기는 것은 내 정신의 뿌리를 튼튼히 하는 일이다.

그런 뿌리가 튼튼히 내린 옛집에서 과거와 현대가 어우르는 멋진 한옥 스테이 문화를 꽃피울 것이다. 한옥 스테이에 어떤 이야기가 담길까? 아마도 수많은 이의 수많은 사연이 담길 것이다. 그것을 난 이 책에 담고 싶었다.

16년간 끊겼던 켜를 잇기 위해
결심하다

2장

유튜버, 블로그, 현지 방문

막상 내 명의로 바뀐 토지대장과 건축물대장을 보니 여러 생각이 들었다. 하나가 해결되면 다른 또 무엇이 가로막고 있어 산 넘어 산이었다. 이런 일의 연속이 인생이라고 누군가가 얘기는 했지만, 다음 단계에 대한 로드맵과 마스터스케줄이 필요하다고 느꼈다. 뭐부터 하지?

2020년 초부터 난 막연히 이런 생각을 했다. '나에게 돌아오면 그때부터 시작하자.'가 아닌 '나에게 돌아올 수도 있으니 그때를 위해 지금부터라도 조금씩 준비해 보자' 하고 이것저것 준비했다.

유튜브 검색창에 한옥 리모델링, 촌집 수리, 시골집 내가 고치기, 멋진 촌집, 감성 리모델링 등등 수많은 검색어와 연관 검색어를 통해 거짓말 조금 더 보태어 수만 개의 영상을 시간이 있을 때마다 봤다. 짧게는 5분짜리 영상부터 길게는 몇 시간이 넘는 영상을, 주말에는 밤을 새울 정도로 시청하면서 중간중간 참고할 영상

윤시현, 그리움을 머무름으로 다독이며

은 화면 캡처하고 PC 폴더에 저장했다. 으리으리한 대 고택부터 슬레이트 지붕이 얹힌 촌집까지, 마치 형사가 수만 개의 CCTV를 돌려보는 것처럼, 어떨 때는 1.5배속 빠르기로 하루도 빠짐없이 1년을 보니, 더 볼 게 없을 정도가 되었다. 좋아요, 구독 신청을 해놓고 새로운 영상이 생겨 알람이 뜨면 바로 시청했다. 네이버 블로그도 마찬가지.

또한 온라인이 아닌 오프라인으로 충남 인근의 한옥과 명승지는 물론 전국 단위의 유명한 절이나 전주 한옥마을, 안동과 경주의 고택들, 서울 서촌과 북촌뿐만 아니라 시골에 아무도 살지 않는 폐가에도 들어가 보기도 했다. 지역, 한옥의 스타일, 건축 시점 등 내가 정한 카테고리별로 여러 장소에 갔으며, 중복되지 않도록 나름 법칙을 정하고 정보수집을 하면서 다녔다.

옛집 바로 앞에 단층 양옥집이 있다. 수년 전에 할머니, 할아버지가 사셨는데 할아버지가 돌아가시고 할머니는 요양원에 들어가신 후 몇 년간 비어있었다. 자식이 안동 시내에 살고 있으나 한 달에 한 번 정도 오는 수준이라 방치되어 풀이 무성했다. 앞집도 매입하여 공사를 같이하려고 주인을 만나 팔라고 했으나 안 판다고 하였다. 한옥인 옛집과 양옥인 앞집을 같이 공사하여 멋지게 꾸미고 싶었지만, 그런 생각을 포기하고 옛집에만 집중하기로 했다.

온-오프라인으로 조사한 한옥 중 가장 기억에 남는 한옥이 있었다. 예전 느낌을 고스란히 유지하고, 요즘의 편리함과 트렌드를 접목한 신구의 조화가 자연스럽게 어우러진 집이었다. 그 집은 B란 지역에 있는 집이다. 우연히 유튜브에서 그 집을 보고 주말에 바로 내비게이션에 주소를 입력하고 길을 떠났다. 벤치마킹하기 딱 좋은 집이었고 주인을 만나 이런저런 얘기도 해보면 많은 도움이 될 것 같아 급한 마음에 속도를 올리다가 과속딱지까지 덤으로 받긴 했지만, 가볼 만한 곳이었다.

여느 도심의 마당 좁은 한옥이었지만, 들어가는 입구에서부터 주인의 섬세한 손길과 센스가 돋보였고 영상으로만 보던 것과는 달리 실물이 더 세밀하게 나에게 다가왔다. 글로는 전부 표현을 못하지만 소품 하나하나, 정성이 녹아들어 있었다. 이렇게 나의 준비는 날이 갈수록 컴퓨터 하드와 스크랩에 한 장 한 장 채워나가며 옛 집 복원 준비를 하고 있었다.

강남역 0번 출구

자! 이젠 누군가에게 연락해야만 했다. 인터넷으로 본 수많은 영상 중 일부는 리모델링을 본인이 직접 한 곳도 있지만, 대부분 전문업체가 진행하거나 일부 힘을 빌리기도 해서 각자의 집을 완성했다. 나름대로 몇몇 전문업체를 리스트 업했다. 서울, 전주, 경주, 대구 등등 한옥과 관련된 신축, 개보수 전문업체들, 이왕이면 설계부터 시공 그 후의 단계까지 ONE-STOP으로 할 수 있는 그런 곳을 위주로, 시공 능력, 직원 수, 어떤 집을 작업했는지 등 자세히 살폈다.

어딘가에는 분명 나와 코드가 맞고 양심적이고 마무리까지 깔끔하게 처리해줄 그런 업체가 있으리라 믿었다. 하지만 그것은 서울에서 김 서방 찾기와 같았다. 부실 공사에 먹튀, 공사 지연, 더 나가서는 소송까지 하는 현실에 신중을 기하지 않을 수 없었다. 조선시대 세자빈을 간택할 때 7명에서 5명. 최종 3명 그리고 마지막 1

명을 간택하는 느낌으로 좁혀 나갔다. 마침내 최종 1곳을 정했다.

지방에도 분명 괜찮은 업체와 실력을 갖춘 곳이 많다. 하지만 요즘 젊은 사람은 서울 등 수도권을 선호한다. 심지어는 지방 명문대를 나와 직장은 수도권으로 가는 현실이다. 마치 한옥 리모델링하는 업체가 지방에는 별로 없고 대다수가 수도권에 몰려 있는 것과 비슷하다. 수도권 집중화 현상을 다시 한번 느꼈다.

문득 이런 생각을 했다. 사람도 더 예뻐지고 싶어 얼굴 성형수술을 하고 오래된 집도 예전의 촌스러움과 불편함을 버리고 최신 트렌드로 환골탈태하기 위해 리모델링을 하는 건 같은 맥락이 아닐까? 지방 도시 중심가에서 20~40대 여성에게 성형수술을 한다면 어디서 할 거예요? 물으면 10중 8, 9는 서울에서 한다고 할 것이고 지하철을 타면 벽면에 붙어 있는 광고판을 보면 강남역 0번 출구, 논현역 0번 출구하고 적혀 있을 것이다. 나 또한 옛집을 리모델링하기 위해 강남역 0번 출구에 있는 전문업체로 정했다.

"여보세요?" 젊은 여성이 전화를 받았다.

"시골집을 복원하고 싶어 연락드렸습니다."

"네, 지금 박 대표는 이탈리아에 가 있고 10일 정도 후에 한국에 오니 전해드리겠습니다."라고 말했다.

난 풀이 왕성하고 귀신이 나올 법한 폐가 수준의 시골집 외부, 내부 사진을 몇 장 카톡으로 보냈다. 며칠 뒤 낯선 번호로부터 전

화가 왔다. 박 대표였다. 오랫동안 통화했는데 지금 생각해보니 쓸
데없는 얘기만 한 것 같다. 가장 중요한 건 현장 방문이었다. 2020
년 늦여름 날짜와 시간을 정했고 박 대표는 초등학생 조카와 함께
옛집을 방문했다. 서울에서 안동까지 혼자 오기 심심했는지 조카
와 바람 셸겸 같이 온 듯했다.

　집 대문에서 마당으로 들어가야 하는데 일부 담이 무너져 있어
입구가 막혀 측면의 무너진 담 쪽으로, 마치 정글 안으로 들어가듯
낫으로 풀을 베며 들어갔다. 여름이라 반바지를 입었는데 무릎, 종
아리, 복숭아뼈, 발가락까지 모기에게 헌혈하면서 겨우겨우 들어
간 후 대표는 집 안팎을 꼼꼼히 살폈다.

　그렇게 1시간 가량을 둘러보고 집 앞에 있는 커피숍으로 자리
를 옮겨 더 많은 얘기를 나누었다. 집을 본 후 현재 집 상태는 어떤
지, 큰 틀에서의 복원의 방향성, 그리고 설계 부분과 시공 부분을
나눠 많은 얘길 나누었다. 그다음 작업은 무엇이냐 했더니 집을 실
측하여 수치화해야 한다는 것이다. 그렇게 안동에서 헤어지고 첫
단추가 될 계약서를 작성하고 첫 미팅을 하기 위해 가까운 시일에
박 대표가 있는 서울 사무실에서 만나기로 했다.

시골집의 도면이 생겼다

2020년 11월, 박 대표의 서울 사무실에서 따뜻한 커피를 나누며 직원과 함께 첫 미팅을 했다. 서로 명함을 주고받으며 인사하고 본격적인 복원 프로젝트에 관해 이야기를 나누었다. 가장 중요한 건 실측을 통한 도면을 만드는 것이다. 건축물대장에는 본채 60㎡, 별채 23㎡ 이렇게만 나와 있고 실제 치수는 없었다. 즉 본채 약 18평, 별채 약 7평, 신축과 리모델링의 차이였다. 신축은 모든 곳을 수치화하여 하나씩 조립하여 만들어 가는 것이지만, 도면이 없는 예전의 집은 이런 것이 전혀 없다. 집이 완성되어 있는 상태에서 줄자와 각종 장비로 가로, 세로, 높이 등 구조물의 특징을 직접 측정을 통해 수치화하여 도면을 만들어야 한다. 박 대표는 다음 주에 설계에 필요한 실측을 하러 안동에 방문한다고 했다.

18평 본채에 여러 가지를 결정해야 했다. 다음은 그때 결정이 필요했던 사항이다.

윤시헌, 그리움을 머무름으로 다독이며

1. 방 1개 혹은 2개

2. 화장실 1개 혹은 2개

3. 거실 위치

4. 테라스 확장 여부

5. 샤시와 통창, 사이즈와 위치 등

6. 전반적인 구조 변경 시 예상되는 문제점

7. 별채 일부 철거 시 활용 방안

8. 서까래의 노출 범위

9. 대청 마룻바닥의 활용 방안

10. 야외 툇마루의 활용성과 설치 위치

11. 가격의 합리성을 고려한 지붕 기와의 선택

12. 기존 기와의 활용 방안

13. 화장실 및 주방위치에 따른 배관과 정화조 설치 위치

14. 배수로의 설치와 배수 방안

15. 뒤뜰의 경사로 흙 무너짐 대처 방안과 배수 방안

16. 넓은 마당의 조경과 기존 나무의 제거 혹은 활용 방안

17. 담의 설치 여부

18. 대문 설치 여부

19. 주차장

20. 포토존 설치 여부

수많은 결정이 필요했고 그중 박 대표가 좋은 안을 내겠지만, 나의 결정이 필요한 것도 많이 있었다. 내가 결정해야 하는 항목에 대해서는 전부 메모하여 서산으로 돌아오는 길에도 생각하고 와서도 계속 스케치하면서 지웠다가 그리기를 수없이 반복하면서 한 주가 흘렀다.

　　박 대표 측에서 안동을 방문해 실측하고 돌아갔다. 그리고 첫 미팅 때 의견을 조율하면서 얘기했던 것을 토대로 3D 모델링을 준비한다고 연락이 왔다. 1안, 2안, 3안까지 준비한다고 했고 한 달가량 걸린다고 했다. 전체적인 마스터 스케줄도 작성되었다. 12월부터 설계를 시작하여 1월부터는 세부적인 설계 변경 및 나의 의견을 반영하여 3월까지 모든 준비 단계를 마친다고 하였다. 그리고 3월 중순부터는 현장에서 첫 삽을 뜨기로 하였다

윤시헌, 그리움을 머무름으로 다독이며

3D 모델링과 반복된 설계 변경

한 달 뒤인 12월. 3D 모델링이 궁금해 미칠 것 같은 기분으로 또다시 서울행 버스를 타고 강남으로 갔다. 토요일이 미팅이었는데 서울 중구 동방이라는 회사의 영업부서에서 팀장으로 일하고 있는 고등학교 절친 용하가 사는 집에 금요일 가서 하룻밤을 잤다. 코로나 여파로 식당은 문을 일찍 닫았고 어쩔 수 없이 먹을 것과 맥주를 몇 병 사서 친구가 혼자 사는 집으로 가서 지금 내가 하고 있는 일과 어릴 적 추억을 안주 삼아 도란도란 이야기를 나눴다. 친구도 옛집에 몇 번 와 보았고 안동 시내에 있는 조그만 한옥에 부모님이 살고 있기에 한옥이라는 공통의 주제로 우리의 얘기는 밤새우는지 몰랐다. 다음 날 아침 친구랑 국밥 한 그릇을 먹고 헤어진 후 난 옛 첫사랑이라도 만나러 가듯 설렘이 가득한 바쁜 걸음을 재촉하여 박 대표 사무실에 도착했다.

짜잔, 대형 스크린 화면에 3D 모델링이 보였다. 현재 폐가 수준의 집이 현재의 기술을 만나니 내 집이 아닌 완전히 다른 집처럼 느껴졌다. 모델링을 한 직원이 리모컨으로 상하좌우, 180도 회전 등 조정하며 보여주었고 박 대표는 디테일한 설명을 이어나갔다.

"이건 이거고요 저건 저거고요. 이런 컨셉입니다."

화면에는 각각의 특성이 들어있었다. 주거용 복원이냐? 아니면 상업적 시설을 위한 복원이냐? 이것이 가장 어려운 결정이자, 마지막까지 나를 힘들게 했다. 전자는 큰 비용을 투자하여 세컨드 하우스로만 이용할 시 비용적으로 부담이 컸다. 후자일 경우 내 생각과는 달리 요즘 트렌드를 따라하기식이 될 것이고, 향후 15년 후 내가 은퇴하고 이 집에서 살 때 또다시 주거에 적합하게 변경해야 한다는 압박감에 부딪혔다.

여러 고민 끝에 최종적으로 내가 선택한 컨셉은 어릴 적 낮에는 마당에서 숨바꼭질, 술래잡기하며 시간을 보내고 밤에는 밤하늘을 수놓은 별을 구경하며 고구마, 감자, 옥수수

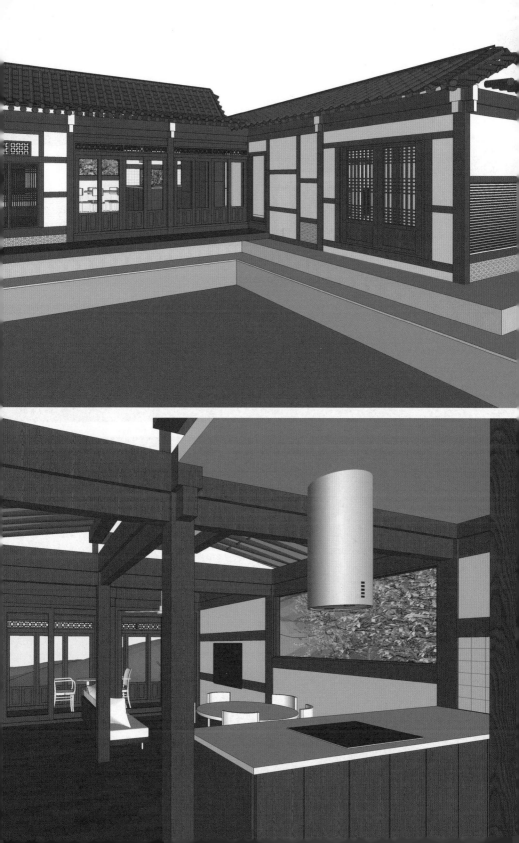

를 쪄먹던 추억. 할머니 댁에서 느꼈던 따뜻함을 그리워했던 나 자신과 아이와 그 시절의 유대관계를 형성하고 싶다는 느낌.

즐거웠던 어린 시절로 다시 한번 되돌아가고 싶은 그리움을 머무름으로 다독일 수 있도록 하는 컨셉이면 좋겠다고 생각했다. 그러려면 외관 원형을 최대한 유지하되, 현대의 편리함을 실내에 접목하고, 집에서 나온 고 목재는 버리지 않고 최대한 재활용해야 했다. 자세하게 그때 고민한 3가지는 다음과 같다.

첫째, 요즘 유행하는 중국식 원형 창문 설치
둘째, 집 내부에 바닥을 파서 자쿠지의 설치 여부
셋째, 야외 마당에 풀 빌라식의 소형 수영장 만들기

이 세 가지 중 원형 창문은 포인트를 줘도 좋다고 생각했고, 실내 자쿠지는 공간을 많이 잡아먹기에 많은 고민이 있었다. 사실 자쿠지를 대신할 수 있는 것이 뭐일까? 많은 생각을 했고 별채의 2평짜리 방에 자쿠지를 만들까? 도 생각했지만 결국 대청마루에 나무를 재단하여 바닥에서 30㎝ 정도를 올려 단상을 만들기로 했다. 또한 야외 소형 수영장은 계절적인 영향으로 여름철에만 사용할 수 있기에 배제했다. 요즘 유행하는 풀빌라 형태면 1박당 더 비싸게 받을 수 있는 장점도 있지만, 나중에 별도 공사를 하자고 생각했다. 그렇게 여러 번의 설계 변경을 통해 최종 설계가 완성되었다.

'율시헌'이라는 이름을 짓다

내가 그의 이름을 불러주기 전에는

그는 다만

하나의 몸짓에 지나지 않았다.

내가 그의 이름을 불러주었을 때

그는 나에게로 다가와서

꽃이 되었다.

　　김춘수 시인의 '꽃'이란 시의 첫머리다. 이름은 중요하다. 아기가 엄마 뱃속에서 10달을 지내다 태어나면 제일 먼저 이름을 짓는다. 이름을 갖게 되면서 진정한 의미의 사람으로 다시 태어나게 된다.

　　1971년에 지어지고 2005년에 사람의 손길이 끊어져 16년간 방

치되었던 집을 리모델링하기로 결심하고, 다시 태어난 집에 이름
을 짓고 싶었다. 한글 이름? 영어 이름? 한자식 이름? 고민이 많았
다. 너무 식상한 이름이나 유행을 따라가는 식의 이름은 지양하고
뭔가 이 집과 어울리고 발음도 쉽고 이쁘게 느껴지는 그런 이름.

　다이어리를 꺼내 이것저것 적어보았다. 수십 가지 이름을 적었
는데, 마음에 드는 것이 없었다. 신생아 이름처럼 철학관에 가서
20~30만 원을 주고 지을 수도 없었다.

　두 아들과 소아과에 갔을 때의 일이다. 진료환자 대기 이름이
모니터에 나왔다. 은율, 서후, 은빈, 로빈, 하란, 예린, 한솔, 가온,

서아, 로하, 지율, 채아 등등. 이런 이름이 나쁘다는 건 아니지만 똑같은 이름이 모니터에 보이고 간호사가 호명했을 때 두 명의 엄마가 동시에 "예"하기도 했다.

그렇다고 예전의 엄마 세대의 이름인 숙자, 영자, 말자, 춘자로 지을 수도 없고, 우리 세대의 이름인 미숙, 은숙, 영미, 영희, 영철, 영호 등으로 지을 수도 없었다. 아무튼 머리가 아팠다. 며칠이 지난 어느 날 주말, 공사가 한창 진행 중인 현장에서 마당을 거닐다 100년 이상 늠름히 이 집을 지키고 있는 밤나무와 감나무를 보고 '바로 이거다'라는 생각이 들었다. 좋은 이름이 생각났다. 율시헌

(栗枾軒), 밤나무 율(栗), 감나무 시(枾), 추녀/집 헌(軒).

밤나무와 감나무가 있는 집이라는 뜻이다. 아내와 주변 친한 친구들에게도 물어보니 다들 괜찮다 했고, 부를수록 더욱 정이 갔다.

5자, 7자 한자로 시를 짓는 율시(律詩)와 동음이의어이긴 하나 한자는 전혀 다르다. 2021년 5월 조금씩 더워 가는 날씨 탓인지, 아니면 이름을 지어서 그런지? 마당을 지키고 있는 밤나무와 감나무는 잎이 더욱 짙어지고 커져 있다는 느낌이 들었다. 바람이 불어 나무의 잎이 흔들릴 땐 마치 나에게 "집 이름을 우리의 이름으로 지어줘서 고마워." 하는 것 같았다. 한국관광공사와 지자체에서 허가해주는 숙박업의 일종인 한옥 체험업 등록과 개인사업자 등록을 할 때도 반드시 이름이 필요하다. 아무 준비를 하지 않다가 갑자기 이름을 짓는 것보다 미리 이름을 지어놓은 것은 정말 잘한 일이라고 느꼈다.

네이버에 '율시헌'이라는 이름을 검색하면 예전에는 윤시현 혹은 윤시헌이라는 영화배우와 유튜버가 검색되었는데 요즘은 경북 안동의 한옥 스테이 '율시헌'이라고 뜬다. 내비게이션에서도 행정구역상 주소가 아닌 '율시헌'을 검색해도 바로 안내해준다. 마치 어떤 대명사가 된 것 같은 느낌이다. 이렇듯 이름이라는 것은 어떤 사람이나 장소를 특정해주는 중요한 역할을 하는 것 같다.

안동이 아닌 외지 사람에게 "저는 안동 권가이고 고향이 안동입니다."라고 말하면 대체로 "아이고, 양반이시네요."라는 말이 자동으로 나오는 것처럼, '율시헌'도 그렇다.

수백 년이 된 으리으리한 고래등 같은 안동의 오래된 고택은 아니지만, 누군가의 기억 속에서 잊히지 않는 '율시헌'이면 좋겠다. 가족, 연인, 친구들과 머문 날들이 각자의 기억 속에 그리움으로 남는 율시헌이면 좋겠다. 도심을 벗어난 시골에서의 힐링 공간, 밤과 감이 열리는 가을에 장대를 이용해 직접 열매를 따서 먹어 볼 수 있는 그런 율시헌이면 좋겠다.

'케렌시아'라는 말이 있다. 이 말은 스페인어로 '투우 경기장에서 소가 잠시 쉬면서 숨을 고르는 장소'라는 뜻이다. 그곳에 소가 있으면 투우사는 공격하지 못한다. '율시헌'은 케렌시아의 다른 이름이었으면 하는 바람이다.

투우장의 소처럼 목숨을 걸고 바쁘게 살아가는 현대인, 무엇 때문에 어디로 향하는지도 모르고 앞만 보고 가는 사람들에게 쉼과 안식을 주는 케렌시아의 공간.

사람들이 '율시헌'이라는 이름을 불렀을 때
그들의 머릿속에 아름다움과 편안함이라는
꽃의 향기로 피어나는
추억의 이름이 되었으면 좋겠다.
백 년이 된 감나무와 밤나무
앞으로도 백 년 동안, 아니 그보다 더 오래
사람의 마음속에 열매 맺는 율시헌이기를.

옛 물건의 흔적과 집의 상태

　예상보다 빨리 복원하기로 했다. 3월 중순에서 2월 말로 시작 시점이 보름 정도 앞당겨졌다. 2021년 2월 28일 드디어 박 대표의 직원과 목수들이 율시헌 마당으로 들어왔다. 대다수 전라도 말투를 쓰면서. "워메, 집이 좋구마이⋯."

　철로 된 지지대(아시바)를 이용하여 모서리나 처질 위험이 있는 부분을 일일이 지지시키는 작업을 오전 내내 했다. 점심을 먹고 오후부터는 외관에 붙어 있는 알루미늄 샤시를 탈거하고, 얇은 유리가 붙어 있는 미닫이 문을 탈거하여 마당 한쪽에 각목을 받히고 하나하나씩 조심스럽게 내리기 시작했다. 모든 문이 제거되자 집안 내부가 훤히 보였고 비바람을 맞지 않은 내부 목재에는 투명 니스칠을 한 진한 갈색의 목재가 집 지을 당시 그대로의 모습으로 보존되어 있었다.

　ㄱ자로 길게 못이 박혀 연결되었던 마루는 전기톱과 노루발로

　율시헌, 그리움을 머무름으로 다독이며

들어 올렸다. 그러자 바닥에선 1970년대 운전면허 문제지, 호롱불, 시골 할머니의 고무 신발, 금복주 소주병, 어린 시절 내가 가지고 놀던 플라스틱 장난감, 심지어는 새알까지 나왔다. 내가 그 물건들을 한쪽으로 치우는 사이 마룻바닥은 완전히 제거되었다. 각 방에서도 예전 장롱과 TV, 냉장고, 라디오와 같은 전자제품들이 밖으로 나왔고 문틀과 문짝은 철거되어 한쪽에 쌓였다.

또한 70년대 형들이 쓰던 대학교재와 잡지들, 나의 유치원 졸업사진과 각종 악보, 일제강점기 때의 아버지 졸업장, 실과 바늘로 기운 옛날 이불 등 많은 예전 물건들이 쏟아져 나왔다. 버릴 거와 챙겨야 할 것을 분리했다. 그중 안방에 장롱이 있었는데 77년도 보루네오 가구 안동점에서 산 장롱문 네 짝은 상태가 너무 좋고 요즘의 기성품보다 더 디자인적으로 멋있어서 복원 시 큰방과 작은방 붙박이장 문으로 사용하기로 했다.

옛 물건들의 흔적

별채 창고 한쪽에는 쌀 뒤주와 제사 때 사용하던 여러 개의 밥상, 그리고 놋그릇, 수저들이 서랍장 안에서 쓰임새를 잊어버린 듯 그대로 놓여 있었다. 가마니째로 쌀을 보관해두던 곳간 문은 一, 二, 三, 四, 五, 六…. 이라고 적혀져 있었다. 제일 하부부터 1번, 그

다음은 2번 순으로 차례로 맞춰야 마지막 번호까지 끼워지는 그런 타입이다. 또한 뒤뜰에는 예전에 사용했던 수동 탈곡기와 깨나 콩을 털 때 필요한 도리깨, 키, 삼태기, 지게, 군불 땔 때 바람을 불어넣던 풍구 등 다양한 도구들이 파손되거나 나무가 삭아 제 기능을 못 한 채 그 자리를 지키고 있었다. 또 다양한 크기의 항아리들은 거미줄을 친 채 옹기종기 모여 있었다. 요즘 아이들은 모를 것이고 박물관에 가야 볼 수 있는 그런 골동품들이 타임머신을 타고 온 듯 옛 기억을 하나하나씩 떠오르게 해주었다.

유리가 달린 3단 서랍장 안에는 아버지의 각종 감사패, 형들의 쓰던 7~80년대 대학교재들, 흑백 졸업장이 초등, 중등, 고등, 대학교 순으로 가지런히 나열되어 있었다. 『주홍글씨』, 『카르멘』, 『노트르담의 꼽추』, 『죄와 벌』 등 가로가 아닌 세로로 쓰인 소설책과 잡지 그 모든 것이 먼지를 덮어쓰고 흰 종이가 누렇게 변해 있었다.

그중 도스토옙스키의 『죄와 벌』이라는 책을 펼쳐 몇 장 읽어보았는데 가로 읽기가 익숙한 우리에게는 읽기가 많이 불편했다. 사실 내가 어릴 적 아버지는 집으로 신문을 시켜 보셨다. 전부 세로 읽기로 되어 있었으며 '을, 를, 이, 가'와 몇몇 단어를 제외하곤 전부 한자로 되어 있었던 것이 생각난다. 아버지는 신문을 다 읽으시고 나에게 주셨다. 초등학교 고학년부터는 신문읽기가 나의 한자 공부였다. 읽다가 모르는 글자가 있으면 노트에 적고 옥편을 찾아 알 때까지 공부를 시켰다. 그리고 그 신문은 화선지가 귀했던 시절 나의 붓글씨 쓰기 노트로도 활용이 되기도 하였다.

신문의 마지막 사용처는 커터칼로 잘라 대문 밖에 있던 재래식 화장실에 티슈로 변신하기도 하였다. 그렇게 다양한 용도로 쓰인 신문.

대구·경북의 소주 금복주! 2홉, 4홉들이 크기의 빈 병들이 생각보다 많이 있었다. 아버지가 약주를 좋아하셔서 그런지 상태가 좋은 빈 병들이었다. 깨지지 않게 잘 챙겨오기도 했다.

또한 내가 어린 시절 사용했던 외발 스케이트와 문구점에서 팔던 원형으로 된 딱지와 구슬이 내복 케이스에 그대로 보관되어 있었다. 어린 시절 나의 보물 1호가 아니던가? 나의 두 아들이 요즘 소중히 여기는 포켓몬 카드와 같은 존재였을 것이다.

세월을 이야기할 수 있는 나이는 아니지만, 어릴 적 이 집에서 나고 자란 나는 어느덧 불혹을 넘어 지천명을 바라보는 나이가 되었다. 나훈아의 노래 '고장 난 벽시계'의 가사에는 이런 노랫말이 있다.

"세월아 너는 어찌 돌아도 보지 않느냐."
"고장 난 벽시계는 멈추었는데 저 세월은 고장도 없네"

거실에 놓인 벽시계는 태엽을 안 감아줘서 그때의 시간에 멈추어 있었다. 오늘따라 부모님 생각이 절로 나고 그 시절로 돌아가고 싶어진다.

불과 하루 만에 집 안에 있던 모든 물건이 집 밖으로 나왔고 대다수 물건은 율시헌과 헤어질 준비를 하고 있었고, 일부는 그대로 혹은 더 멋지게 재활용될 것이 분명했다. 살아있는 생명체는 아니지만, 율시헌과 헤어지는 물건들은 섭섭하게 느끼듯 저녁 무렵 봄비가 조금씩 내렸고 큰 비닐을 이용하여 덮을 즈음 해가 서쪽 산으로 넘어가고 있었다. 목수들과 담배 한 대를 피우며, 그렇게 첫 날은 지나갔다.

3.1절 둘째 날이 되었다. 7시 30분 이른 아침부터 작업을 시작했다. 안방과 작은방, 사랑방, 중간 방 서까래는 노출이 아닌 천정으로 되어 있었다. 노루발을 이용하여 천정을 쳐서 서까래가 보이도록 제거했다. 눈을 못 뜨고 호흡도 힘들 정도의 먼지가 떨어졌지만, 이내 작업은 이루어졌고 몇 겹으로 도배되었던 벽지는 칼과 손을 이용해 하나하나 제거해 나갔다.

　　가로, 세로의 나무 사이에는 콘크리트가 있었는데, 대형망치(오
함마)로 툭툭 쳐서 나무로 된 기둥만 남을 때까지 작업을 이어나갔
다. 아니나 다를까 여러 가지 문제가 있었다.

(1) 870299K The Joong ang Daily News 1988年8月7日 日曜日 3 [31판]

中央日報

"民族공동체 이뤄 分斷극복"

盧대통령, 對北정책 6개항 特別宣言

自覺과 統一번영위한 새時代 열자

農畜産物 수입개방 대책은

제네바·東京·홍콩등에
離散가족 연락 사무소

對北제의 6개항

① 각계 南北동포 교류 추진
② 離散가족 방문·生死 확인
③ 南北 직접교역 문호개방
④ 우방의 對北韓교역 인정
⑤ 南北경쟁 對決외교 종식
⑥ 北의 美日관계 개선협조

제24회 서울올림픽대회
기념주화판매 (4회l차)

서울올림픽의 영광을
제4회차 기념주화로
영원히 간직하십시오.

서울올림픽대회 조직위원회

윤시헌, 그리움을 머무름으로 다독이며

첫째, 대문에서 집을 바라보면 바로 보이는 처마선이 세월의 무게를 못 이겨 서까래가 빠져 한쪽으로 심하게 쳐졌다.

둘째, 여러 기둥 중 한 군데가 썩어 있어 교체 작업이 필요했다.

셋째, 암키와는 격파용 수준으로 약해져서 전부 교체가 필요했다.

넷째. 한식 기와 기술자를 여러 명 수배하여 견적을 봐야 했다. (기와에 대한 비용이 전체금액의 ¼ 수준)

다섯째, 내려질 암키와와 재사용될 수키와 모두 인력으로 조심히 내려야 하며,

여섯째, 기와를 전부 들어낸 후 흙을 털어내면 서까래도 손상된 부분이 많아 50% 이상 교체를 해야 했다.

일곱째, 집 좌측 테라스 쪽의 기둥은 살짝 틀어져서 고정해야 했다. 또한, 뒤뜰의 빗물이 지반을 약하게 했기에 더 이상 집 밑으로 물이 유입되지 않도록 뒤뜰 수로 공사가 필요했다.

여덟째, 뒤뜰 흙 무너짐 방지를 위한 대책을 마련해야 했다.

아홉째, 2단 기단을 보강해야 했다.

이렇듯 구석구석 여러 문제가 있었고, 하나하나 해결해야만 했다.

고 기와의 선택과 활용

　또 하나의 큰 문제가 기와였다. 기와는 현재 있는 것으로 활용하고 파손된 것만 교체할 것으로 예상했으나, 교체 비용이 만만치가 않았다. 앞서 얘기한 처마선이 세월의 무게를 못 이겨 서까래가 빠져 한쪽으로 심하게 처진 부분을 수리하기 위해선 기와를 걷어내야만 했고, 그 위에 무겁게 얹힌 흙을 다 털어내야만 했다. 예전에는 습기 차단, 보온, 방한을 위해 무거운 흙을 올렸는데 기술이 좋아진 요즘은 굳이 흙을 올리지 않고 합판과 방수포 단열재로도 모든 것을 해결할 수 있고 경량화할 수 있었다.

　빗물을 받고 빗물이 아래로 흐를 수 있게 하는 역할을 하는 것이 암키와인데 세월이 흘러서인지 강도가 엄청나게 약해져 있었다. 사람이 지붕에 올라서 밟아야 하는데 격파용 기와처럼 밟자마자 전부 깨어지는 수준이었다. 즉 암키와는 강도가 좋은 새 기와로 교체해야 했다. 80킬로가 넘는 내가 새 암키와 위에서 점프해도 안

　윤시헌, 그리움은 머무름으로 다독이며

깨어지는 데 반해 기존의 암키와는 발 앞꿈치로 살짝만 쳐도 바로 두 쪽이 나버렸다. 그래서 암키와는 인력을 동원해서 한 장 한 장 최대한 안 깨지게 수거하여 미끄럼틀을 만들어 아래로 내려 한쪽 공간에 차곡차곡 쌓았다.

암키와와 암키와 사이에 얹힌 수키와는 무조건 재활용하기로 했다. 왜냐하면 작업 시 밟지도 않고 그냥 얹혀 있기만 했고 수키와까지 새것으로 얹으면 완전 새집 느낌이 나기에 전통 한옥 복원이라는 리모델링 컨셉과 맞지 않았다. 수키와는 세월의 흔적을 남기기 위해 회색, 남색, 흰색 빛이 도는 기존의 것을 그대로 쓰기로 했다.

내려진 암키와는 담으로 활용하기로 하고 벽돌로 바닥 수평을 맞춘 후 40m 이상 길게 포개 활용했다.

또한 기존 기와를 내리고 새 기와를 얹는 업체를 구하는 것이 중요한 일이 되었다. 절이나 문화재 급의 대공사도 아니고 율시헌처럼 3~4일간 하는 작은 일은 잘 하지 않으려는 게 현실이었다. 박 대표는 서울, 대구, 전주, 경주, 부산의 업체들을 양일간 2~3시간 간격으로 현장으로 오게 하여 각각의 견적을 받고 어떻게 할지 연구했다. 다들 기와공으로서 최고의 위치에 있는 사람이었고, 포스 또한 범상치 않았다. 그중 내 또래의 젊은 사람에게 맡기기로 했다.
부산 업체이며, 대표의 아버지가 연세가 많아 지금은 아들이 모든 것을 도맡아 한다고 하였다. 부산 업체인 만큼 해인사, 통도사 등 부·울·경 쪽 공사를 많이 하고 있었다. 마침 경북 상주의 절 기와 공사를 조만간 해야 하는데, 그 사이 5일 정도 시간이 있어 율시헌 공사를 해주기로 했다.

기와는 대한민국 최고의 품질을 자랑하는 고령기와를 사용한다고 했고 작업은 다음 주부터 시작한다고 했다. 작업 당일 기와를 실은 5t 트럭이 들어오는 진입로에 앞집 지붕을 겨우 피해 들어왔

율시헌, 그리움을 머무름으로 다독이며

지만, 문제는 크레인이었다.

　좁은 입구로 인해 1시간 넘게 진입을 시도했으나 전봇대와 앞집 지붕과 간섭이 생겼다.

　2시간여 만에 겨우 들어온 크레인은 정위치 자리를 잡고 합판이 덮인 지붕으로 암키와를 올리기 시작했다. 밑에서는 흙과 흰색의 어떤 물질을 물과 섞어 반죽했고, 구리선을 묶어가며 작업을 이어갔는데, 지붕은 어느덧 검정으로 변하기 시작했다. 수키와를 얹기 전 비빈 흙을 손으로 적정량을 앉히고 그 위에 수키와를 올렸다.

세월의 흔적을 내기 위해 기존 수키와를 사용하기로 했는데 많이 부족하여, 앞에는 기존 것으로 쓰고 뒤편에는 새것을 사용하여

윤시현, 그리움을 머무름으로 다독이며

기와 작업을 끝냈다.

리모델링 기간의 우여곡절

늦겨울인 2월 말, 아침에 드럼통을 잘라 나무를 태워 손발을 녹이며 공사를 시작했다. 어느덧 경칩이 지나고 봄이 되었다. 계획대로 안되는 게 인생이라 했던가? 더욱이 시골집을 리모델링 하는 과정에서 주위 환경, 날씨, 사람 등 예기치 못한 변수가 나를 힘들게 했다. 여러 가지 어려움이 하나씩 때론 복합적으로 찾아왔다. 특히 기억에 남는 몇 가지를 언급하고자 한다.

첫 번째, 5시간 동안 크레인 기사의 사투

두 번째, 배수관 연결 때문에 옆집 형님과의 마찰

세 번째, 집을 받쳐주는 기단 보강

네 번째, 서까래 교체

다섯 번째, 뒤뜰 배수를 위해 U관 설치

여섯 번째, 별채 부분 철거

첫 번째, 기와를 얹기 위해 크레인이 들어와야 했다. 시골집에 들어오기 위해서는 빨간 벽돌집에서 좌회전해서 들어와야 했는데 일이 생기고 말았다. 문제의 그 집은 우리와 먼 친척인데, 2001년 무렵 집을 지었고 당시 법이 애매하여 도로를 침범해서 집을 지었다. 요즘 같으면 반드시 측량하고 자기 땅에 집을 지어야 한다. 또한 짓고 난 후에도 도로나 다른 땅을 침범했으면 준공 승인도 나지 않을뿐더러 많은 분쟁이 생긴다. 하지만 그 당시 주먹구구식으로 지었고 지자체에 전화해보았는데 "그 당시 법이 그랬습니다."라는 답답한 이야기만 했다.

더욱이 지붕까지 튀어나와 있어서 골치가 아팠다. 무거운 기와를 지붕으로 올리고 몇십 톤이나 되는 흙을 올리는 작업이 필요했

윤시현, 그리움을 머무름으로 다독이며

기에 크레인은 반드시 들어와야 하는 상황이었다. 크레인 기사 역시 수많은 장소에서 공사를 했을 터인데 30분가량 전진과 후진을 반복했는데도 지붕과 간섭이 생겨 도저히 안 된다고 할 정도였다. 침이 마르고 똥줄이 탈 노릇이었다. 튀어나온 지붕을 자르고 다시 복원해주자는 이야기까지 나올 정도였다. 문제의 집인 친척 아저씨에게도 이야기했으나 안 된다고 거절했다. 솔직히 친척만 아니면 멱살이라도 잡을 그런 기분이었다. 하지만 집념의 크레인 기사는 5시간 동안 이렇게도 하고 저렇게도 하면서 그 어려운 일에 성공하여 기와 얹는 작업은 무사히 끝낼 수 있었다.

두 번째, 상수도와 오수관 연결할 때 겪은 어려움이다. 시골집에서 땅 밑으로 배관을 넣어 동네 오수관과 연결하는 작업이 필요했다. 시멘트 포장이 된 진입로 쪽 바닥을 폭 50㎝ 정도로 자르고 깊이 1m가량을 파서 파이프를 묻는 작업이다. 진입로 쪽에는 옆집에서 예쁘게 쌓은 계단식 석축이 있었다. 길 중앙을 자르고 파야 하는데 석축 바로 밑으로 작업을 해버렸다. 그 사실을 안 옆집 형님은 "석축이 무너지면 어쩔 거냐?" 하며 작업자들과 언성이 높아졌고 더 이상의 작업은 진행되지 못했다. 설상가상으로 봄비가 연속 3~4일이나 오는 게 아닌가. 일단 다시 원상복구하고 도로 중앙으로 재공사하기로 했다. 이래저래 하루면 끝날 작업이 날씨의 방해와 서로 간의 마찰로 9일 만에 마무리되었다.

세 번째, 집을 받쳐주는 기단이 일부 무너져 보강이 필요했다. 뭐든 기초가 튼튼해야 한다고 생각했다. 또 빨간 벽돌집이 문제였다. 진입로가 좁아 대형 레미콘 차량이 못 들어왔다. 방법은 하나밖에 없었다. 동네 입구까지 레미콘 차가 와서 포크레인의 큰 바가지에 옮겨 담고 그 바가지를 옮기는 방법이었다. 한 번에 끝낼 작업을 포크레인 1대, 25톤 덤프트럭 1대, 대형 바가지 그리고 여러 명의 인부가 동원되었다. 이래저래 수백만 원이 더 들어가고 늘어난 공사 기간 등을 감안하면 빨간 벽돌집은 정말 공사를 어렵게 만드는 골칫덩어리였다.

점심을 먹으며 현장소장이 나에게 이런 이야기를 했다.

"아따 안동이라 그런지 참 양반이오. 친척이고 뭐고, 나 같으면 들이박아 부렸소" 라고.

요즘같이 삭막해진 사회, 농촌에 외지인이 들어와서 집을 지어 살려고 할 때 동네 원주민과 마찰과 갈등이 많다. 소송으로 법적 다툼도 하고 나중에는 텃새에 못 이겨 떠나는 일도 비일비재하다. 나도 솔직히 민원, 소송이라도 해서 집을 뜯어버리고 싶을 정도였다. 일단은 내가 좀 손해 본다는 마음을 갖고 한 단계씩 공사를 이어갔다.

네 번째, 시골집 정면을 보았더니 오른쪽이 처져 보였다. '어! 며칠 전에는 괜찮았는데, 이상하다!'

기와를 전부 내리고 서까래 상태를 확인했다. 50년의 세월을 버티며 상태가 좋은 것도 있었지만, 처져 보이는 곳의 서까래는 100% 상태가 안 좋았다.

제 수명을 다한 듯 썩어 있거나 벌레의 공격으로 중간중간 구멍이 나 있기도 하고 나무로서 역할을 다한 듯했다. 교체해야 할 서까래 수량과 비슷한 굵기의 크기를 파악 후 바로 준비하고 작업을 계속했다.

윤시현, 그리움을 머무름으로 다독이며

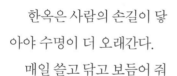

한옥은 사람의 손길이 닿아야 수명이 더 오래간다.

매일 쓸고 닦고 보듬어 줘야 한다. 16년간 비워 둔 이 집은 생명력을 점점 잃어가고 있었다.

이런 비유가 맞을지 모르지만, 사람으로 치면 폐암 3기라고나 할까? 지금 병원에 가서 수술하고 항암치료를 하지 않으면 안될 것 같은, 그런 기분이 들었다. 폐암 말기가 되었을 때는 수만금이 있어도 살리지 못할 것 같았다. 지금 무리를 해서라도 살릴 수 있을 때 살리자. 이런 마음이었다.

다섯 번째. 어릴 적 숨바꼭질하며 뛰어놀던 뒤뜰은 장마철 같은 우기가 아니어도 이끼 같은 식물들이 많이 있었다. 뒷산에서 조금씩 나오는 물 때문에 항상 바닥이 축축했던 것 같다. 세월이 지났음에도 뒤뜰은 변함이 없었다.

문득 이런 생각을 했다, 빗물이 집 밑으로 조금씩 스며들어 가면 집이 기울 수도 있고 여러 가지 문제가 발생할 수 있다고. 그래서 U자 관이라고 하는 배수로를 30m 설치하여 그 문제점을 해결하려고 했다. 여기서 또 다른 문제가 생겼다. 뒤뜰로 옮기기 위해서는 작은 포크레인이 필요했는데 통로가 너무 좁아 진입이 불가했다. U자관 하나의 무게만 200킬로가 넘었다. 안 되면 되게 하라는 말도 있듯이 현장에서 일하던 목수 세 분과 소장 그리고 인력시장에서 온 러시아 쪽 인부 2명 그리고 나까지 총 7명이 밧줄과 노루발을 이용하여 들어서 옮겼다. 수평과 기울기를 맞춰 안될 것 같은 일을 해낸 것이다. 역시 사람이 하면 안 되는 일은 없다는 것을 다시 한번 느꼈다.

여섯 번째. 별채는 전통 한식 기와가 아닌 60, 70년에 유행했던 일본식 시멘트 기와가 얹혀 있었다. 어릴 적 큰 과수원과 논농사를 할 때 별채에는 일꾼인 이 노인과 벙어리 머슴 2명이 황소 두 마리와 함께 살았다. 'ㄱ자' 타입이고 건평은 7평이었다. 세월의 무게를 못 버티고 한쪽 지붕은 심하게 무너져 있었고, 벽면도 금이 가 있었다. 별채를 복원하여 바비큐를 할 수 있는 공간이나 창고 혹은 목욕을 할 수 있는 자쿠지를 만들려고 했다. 하지만 상태가 너무 안 좋아 박 대표와 소장은 허물자고 했다. 나는 보강을 해서라도 무조건 살리고 싶었다. 허물고 그 자리에 컨테이너든 다른 조립식 건물이 생기면 뭔가 어색하고 예전 느낌이 사라지는 것 같아 싫었다.

며칠을 서로 연구한 끝에 상태가 안 좋은 쪽은 허물고, 괜찮은 쪽은 보강하고 지붕도 다시 얹기로 했다. 부분 철거가 필요했고, 건축물대장 수정도 필요했다. 살리고 난 후 지금은 바비큐장과 창고로 잘 활용하고 있다. 현명한 선택이었다고 생각한다. 옛날 것은 무조건 없애버리고 새것으로 다시 만들려고 하는 요즘 사람들은 잘 모를 것이다. 추억이란 게 얼마나 소중하고 없어진 후 비로소 그리워한다는 것을.

무조건 옛것을 버리지 않고 모으겠다는 것은 아니다. '미니멀 라이프'란 말이 있다. 자발적으로 불필요한 물건과 일을 줄여 본인이 가진 것에 만족하는 게 특징인 그런 삶 말이다. 물건을 적게 소유하면 생활이 단순해지고 나중에 마음과 생각이 정리되면서 오히려 삶이 풍요로워진다고 미니멀 라이프를 주장하는 사람은 말한다. 매스컴에 소개되거나 전문 인테리어를 하는 사람의 집을 보면 북유럽 감성이라 하여 베이지 혹은 화이트 톤으로 최소한의 살림살이를 비치하여 엄청 예쁘게 꾸며 놓았다. 많은 사람은 그런 것을 보고 '미니멀 라이프'를 외치면서 집에 있던 멀쩡한 살림살이를 버리고 실내 인테리어는 물론 가전제품, 가구, 살림살이를 전부 새것으로 바꿔버린다. 이것이 과연 미니멀라이프가 맞는지 생각하게 했다. 그런 사람을 욕하는 게 아니다. 사람은 각자 개성이 있고 자기가 원하는 생각대로 살아가기 마련이다. 그런 사람은 미니멀 삶을, 난 과거의 것을 지키는 삶을 살면 되는 것이다. 각자 장단점이 있으리라. 어느 방식이 옳다는 것이 아닌, 다를 뿐이다.

공사를 진행하면서 수많은 우여곡절이 있었지만, 그때그때 나름 최고의 방법으로 위기에 대처하고 선택했다. 지나고 나니 "저렇게 할걸? 왜 그때는 이 방법을 생각 못 했을까?"하고 후회를 하기도 한다. 사람이다 보니 어쩔 수 없는 것 같다. 그래도 다행이라고 생각하는 건 최악의 선택은 없었다는 것이다. 이 책을 읽으시는 분도 집을 리모델링할 때 여러 가지 선택을 해야 하는 상황이 올 것이다. 그럴 때마다 상황에 맞는 최고의 선택을 한다면 자신이 원하는 집을 얻게 될 것이다.

추억이란 게 얼마나 소중하고

없어진 후

비로소 그리워한다는 것을.

두봉 신부님을 만나다

공사가 70% 정도 진행되던 2021년 5월 말 일요일, 점심을 먹고 율시헌 바로 앞 대구 안동 간 5번 국도로 산책하러 갔을 때의 일이다. 산책로 옆으로 긴 강이 흐르는 암산유원지가 있으며, 옛 도로에는 바위를 뚫어 길을 낸 굴다리가 있다. 한참을 지나다 풍경이 좋아 차에서 내려 강변에서 멍 때리기를 했다. 한참을 멍하니 강과 바위를 보고 있을 즈음 소형 승용차가 내 차 바로 뒤에 멈추었다. 작은 체구의 외국인 노신사가 정장 차림으로 내렸다. 선글라스를 하고 있었지만, 난 누구인지 한눈에 알 수 있었다. 바로 프랑스인 두봉 신부님이었다. 율시헌에서 차로 20분가량 남쪽에 있는 의성군이라는 곳에서 혼자 살고 계신다.

두봉 신부님은 1969년부터 1990년까지 천주교 안동교구장을 하셨다. 1953년 한국전쟁이 끝난 직후 20대 꽃다운 나이에 폐허가 된 한국에 와서 교육과 농민을 위해 평생을 일하신 분이다. 군사정

권으로부터 한국 추방 명령까지 받았지만, 고 김수환 추기경과 함께 로마 바티칸에 가서 교황(당시는 요한 바오로 2세)에게 당시 한국 상황을 설명하여 교황의 도움으로 추방을 면하기도 했다.

우연히 만난 것이 너무 기뻐 먼저 신부님에게 다가가

"예전 '우리집'이라는 양로원 밑 기와집에 살던 오학입니다. 그 집에 살던 꼬맹이가 접니다!"

"아이고, 많이 컸네." 하시며 아주 크게 웃으셨다.

1980년대 중반 내가 초등학교에 다닐 때 신부님은 환갑은 안 되었고 50세는 넘은 나이였는데, 예전과 비교해 주름만 많아졌을 뿐, 아흔이 넘은 지금도 단정하신 옛 모습 그대로였다.

초등학교에 다닐 즈음 율시헌 뒷집인 양로원 원장님과 두봉 신부님, 고 김수환 추기경, 우리 아버지 네 분이 옛집 앞마당에서 막걸리를 드셨던 게 기억이 난다. 그 당시 네 분은 1920년대 생으로 50대 후반에서 60대 초반 정도의 친구 사이였던 것 같다.

그 당시 큰돈이었던 5천 원을 나에게 주시며 빵빠레를 사 먹으라고 용돈도 준 기억이 난다.

고령인데도 불구하고 두봉 신부님은 지금까지 안동에 있는 가톨릭상지대학이나 안동교구에 일이 있을 때마다 손수 운전하여 다닌다. 얼마 전 유재석의 유퀴즈에 출연했으며 은퇴는 했지만, 아직도 봉사와 많은 활동을 하고 계신다. 또한 작년에는 EBS 건축 탐구 집에서도 신부님의 집을 소개하는 방송도 본 기억이 있기에 더

더욱 반가웠다.

고향인 프랑스 오를레앙은 제2차 세계대전 중 독일군의 점령지였고, 철도 요충지였기 때문에 폭격의 대상이었던 동네였다고 한다. 유퀴즈 방송에서 이 경험 때문에 한국에 왔을 때 한국인의 심정을 잘 이해할 수 있었다고 한다.

젊은 나이 낯선 나라에서 항상 약자의 편에서, 농민의 손을 잡고 불의에 맞서 평생 봉사하는 맘으로 살아오신 두봉 신부님. 항상 존경하고 앞으로도 건강했으면 하는 바람이다.

'조만간 살고 계시는 곳으로 아브라함이 한번 찾아뵙겠습니다.'

돌담 쌓기, 삽질 생 노동 7일

2022년 3월. 코로나 3차 접종을 하면 회사에서 유급휴가 이틀 (3/10~11)을 주었다. 대통령선거일(3/9)과 주말(3/12~13) 그리고 아껴뒀던 대체 휴가 이틀(3/14~15)을 합쳐 약 7일간 쉴 기회가 생겼다. 리모델링 중인 율시헌의 내려진 암키와들은 마당 한쪽에 있었고, 앞마당과는 달리 뒷마당은 뭔가 정리가 안 된 듯한 느낌이 들었다. 거실 통창으로 바라보는 뒤뜰은 경사가 있어 어수선하였고, 뭔가 포인트가 필요하다고 느꼈다. 여름이 되어 풀이 자라면 주기적인 예초작업도 필요했고, 그 보다 공사 당시 굴착기로 긁었어야 했는데 하지 못한 아쉬움이 항상 머리를 맴돌았다. 뭐라도 해보자 하는 마음으로 뒤뜰에 굴러다니는 돌을 이용해 돌담을 쌓기로 마음먹었다.

푹 꺼진 땅을 돋우기 위해 대문 앞에 마사토를 20t 트럭으로 두 차를 불러 내린 후 수레를 이용해 삽으로 퍼서 일일이 옮기는 작업

율시헌, 그리움을 머무름으로 다독이며

부터 했다. 막상 시작은 했지만, 보통 일이 아니었다. 바퀴가 하나 달린 조그만 수레로 40m 정도 거리를 수백 번 이상 왔다 갔다 옮기는 일을 혼자서 하려니 일의 능률은 오르지 않았다. 극기훈련과 같은 혼자만의 싸움, 정말 고된 노동이었다.

코로나 주사를 맞은 팔은 통증이 왔다. 며칠간 무리하지 말고 푹 쉬라고 했던 의사의 말이 생각났지만, 팔이 끊어져 나가는 듯한 아픔을 참으며 해야만 하는 상황이었다. 누군가 도와주었으면 좋겠다는 "백지장도 맞들면 낫다"라는 말이 간절히 생각이 나는 시기였다. 아침 6시부터 저녁 6시까지 이틀 동안 흙만 옮기는 작업을 하니 일의 능률도 오르지 않고 허리가 끊어질 듯한 고통을 느꼈지만, 담배와 물만이 일을 지속할 수 있게 도와준 친구였다.

주어진 시간은 7일! 누가 도와줄 수도 없는 상황이고, 무조건 7일 안에 끝내야 한다는 도전이었다. 나 자신에게 최면을 걸고 반복해서 흙을 퍼서 나르는 작업을 계속해 나갔다. 이틀여 만에 어느 정도 복토가 되었다. 그다음 바나나 껍질로 만든 덮개를 다리 밑에서 주어와 깔았다.

3월이라 새벽에는 서리도 내렸고 땅은 얼어 있어서 곡괭이로 찍었더니 마치 얼음을 때리는 것만 같았다. 어느 정도 파고나니 땅 밑에는 돌과 기와들로 채워져 있어 작업은 더 힘들었다. 휴, 죽을 것만 같았다. 경험해 보지 않은 사람은 모를 것이다. 마치 군 생활의 진지 공사할 때와 같은 느낌이 들었다. 곡괭이와 삽으로 사람

키만큼의 깊이로 파고 또 파고 칡과 같은 뿌리 혹은 큰 돌이 나오면 그것들을 제거해 나갔다. 그렇게 그렇게 시간은 흘러 주위에 있던 돌과 암산 근처의 돌을 트럭에 싣고 와서 한 단 한 단 쌓아갔다.

굴착기 같은 장비가 들어올 수 있으면 하루면 끝날 작업을 인해전술도 아닌 혼자서 구석기 시대의 연장(곡괭이, 삽, 망태)과 힘만으로, 땀과 열정으로 4일 만에 뒤뜰 복토와 돌담 쌓기 목표를 달성했다.

5일째부터 마지막 날인 7일까지는 앞마당과의 전쟁이었다. 기와를 쌓을 담벼락 쪽 30m 구간 바닥에는 벽돌을 쌓고 콘크리트를 비벼 수평을 잡으면서 미장해 나갔다. 그리고는 수백 아니 수천 장의 암키와를 다섯 장씩 포개어 배에 걸쳐 쌓을 위치로 옮기는 작업, 그리고는 7단 혹은 8단으로 쌓으며 고정하기 위해 중간중간에는 혹 시멘트를 바르며, 작업을 마무리해 나갔다.

남에게 전부 맡겼으면 천만 원 정도 비용이 들었을 건데, 벽돌, 시멘트, 흙값 등 총 50만 원 정도로 아주 저렴하게 끝낼 수 있었다.

나의 7일 간의 생 노동으로 몸은 만신창이가 되었다. 리모델링하면 하나하나가 모두 돈이다. 경비를 절약하려면 본인이 할 수 있는 것은 직접 하는 것이 경비를 절감하는 방법이다. 리모델링 하다 보면 의외로 자신이 할 수 있는 일이 많이 있다. 요즈음처럼 인건비가 높을 때 힘은 들겠지만, 직접 할 수 있는 것은 직접하면 돈도 절약할 수 있으며, 집에 대한 애정도 더 깊어진다.

16년간 끊겼던 시간의 켜를 잇기 위해 결심하다   2장

LX Z:in 인테리어

건축주가 직접 쓴 글

커플려고 했을때 페가였지만
풍었더니 멋진집이 되었다.

(저 문구를) 오늘 들어오면서 봤어요. 가슴 뭉클했어요

윤시현, 그리움을 머무름으로 다독이며

모루초 디자인 박선은 대표에 대한 고마움

　설계부터 시공, 감리, A/S까지 가능한 리모델링 업체를 나름대로 골라서 선택한 업체가 '모루초 디자인'이라는 곳이다. 박선은 대표에 대한 고마움을 이 책을 통해서라도 표현하고 싶다. 서울의 여러 업체 중 한 곳과 인연이 되어 계약하고 공사가 진행되었고, 중간에 큰 사고나 문제없이 율시헌 복원 작업을 무사히 끝낼 수 있었다. 문화재급 복원은 아니었지만, 나름 서까래와 부연(한 겹 더 올리는 것)이 있고 한식 기와가 얹힌 나름 한옥이라고 부를 수 있을 정도의 집을 말이다.

　돈이 아주 많은 부자나, 건축 관련 일을 하고 있는 사람 혹은 비용과 상관없이 지자체에서 100% 부담하는 그런 공사가 아닌 일반인의 한옥 복원이다. 또한 한정된 예산과 시간적으로도 부족했던 나로서는 여러 가지 문제들과 부딪혔다. 그중 가장 중요한 것이 비용이었다.

그중 한식 샤시에 대하여 적어본다. 사람이 가장 많이 사는 아파트의 샤시 1개가 100만 원이라고 가정하면 갈색으로 칠해져 있고 한옥 느낌이 나는 창살이 있는 샤시는 200만 원.

오리지널 한식 샤시는 메이커와 보온 기능에 따라 A, B, C급으로 구분되며, 제일 좋은 것은 500만 원 정도였다. 즉, 동일 사이즈 아파트 샤시의 5배 이상의 가격임을 의미한다. 각 방에 끼워질 한식 샤시 견적만 3천만 원 이상이었다. 오타로 동그라미 하나가 더 있는 것이 아닌지, 처음엔 내 눈을 의심했다. 싸고 좋은 것은 없다.

하지만 좋은 것을 보면 싼 것은 눈에 들어오지 않는다. 당장 샤시 견적부터 예산 초과가 되어 나의 표정이 울상으로 바뀐 것을 본 박 대표는 한참을 생각하다가 나에게 조심스럽게 얘기했다.

"서울 코엑스나 부산 벡스코 같은 곳에서 한옥 박람회를 하는데, 거기서 전시되었던 제품인데, 새것 같은 중고가 있습니다. 지인을 통해 알아볼 수 있어요. 그러니 큰 부담 갖지 마세요. 제가 한번 알아볼게요." 이것이 박 대표가 내게 준 첫 번째 도움이다.

두 번째 도움을 준 것은 가전제품과 관련된 것이다. 에어컨, 텔레비전, 세탁기, 오븐, 냉장고 등 구매할 가전제품 리스트를 정했다. 메이커, 사이즈, 기능, 색상 등을 고려해 살 제품의 가격 모두 합계했더니 이것 또한 가격이 만만치 않았다. 여기서 또 한 번 박 대표가 "서울 사무실 창고에 안 쓰는 냉장고가 있으니, 사이즈도 맞고 나무로 겉틀을 만들어 붙일 테니 아무 문제 없습니다"

다음은 화장실 인테리어와 관련된 세 번째 도움이다. 한옥 스

테이의 특성상 화장실도 다른 숙소와는 다르게 뭔가 세련되면서
도 옛 느낌이 물씬 풍기는 그런 타일이 필요하다고 했다. 인터넷
과 타일 대리점에 발품을 팔아 며칠 동안 찾아다닌 끝에 율시헌과
가장 어울리는 타일을 구했다고 했다. 초록색 느낌의 빈티지 느낌
이 묻어나는 타일이었는데, 후에 손님들이 이구동성으로 화장실
이 좋다고 말했다.

　네 번째 도움은 바닥재 메이커인 LX하우시스와 디자이너의 콜
라보의 일환으로 'Z:IN × 디자이너 콜라보'라는 이름으로 영상 촬
영을 했다. 직접 모델로 나와 스토리텔링식으로 "50년 된 오래된
한옥, 과연 어떻게 바뀌었을까?"

　유튜브 영상이다. 13분짜리 영상인데 마지막 부분을 보면 "오
늘 집에 들어오면서 봤어요! 가슴 뭉클했어요. 건축주가 적어 놓
은 글자에 감동 받았습니다."라는 멘트가 나온다. 내가 적을 글을
누군가 보고 감동하다니. 하하하.

　다섯 번째 도움으로는 소품과 집기류다. 리모델링으로 완벽하
게 탈바꿈한 율시헌과 어울리는 집안의 소품과 손님이 이용할 모
든 집기류가 필요했다. 인테리어를 전공하지 않은 일반인도 감각
이 있으면 나름 잘 할 수도 있지만, 요즘 젊은 사람이 원하는 그런
감성의 소품들이 필요했던 것이다. 서로 아이디어를 내며 제품 한
개 한 개까지도 카톡으로 사진을 보내고 두 명 모두 만족할 때까지
고르고 또 골랐다. 그렇게 한 달여간 인터넷을 뒤져 국내에서 살 수
있는 건 사고, 해외직구를 통해서 제품을 하나씩 하나씩 채워 나갔

다. 소품을 마무리하는 날에는 박 대표의 아버지까지 직접 오셔서
디테일한 작업을 하셨다. 방충망 손잡이를 나무로 직접 깎아서 달
아주는 작업을 끝으로 율시헌이란 예쁜 생얼에 화장을 마무리했
다. 이것 역시 감동이었다.

박 대표를 처음 만나고, 마무리하는 동안 많은 도움을 받았다.
마치 자기 집을 고치는 것처럼 책임감 있고 맘에 안 들면 뜯고 다
시 붙이고. 물론 중간중간 사소한 마찰도 몇 번 있었지만 말이다.

나의 시골집 율시헌을 아름답게 복원시켜준 좋은 사람 박 대표
에게 다시 한번 감사의 인사를 전한다.

율시헌, 그리움을 머무름으로 다독이며

모루초 디자인 · 대표 디자이너 · 박선은

정말 좋게, 행복하게 할 수 있는 이 재밌는 과정을

허물려고 했을때 폐가였지만,
품었더니 멋진 집이 되었다

3장

처마 밑에 제비가 돌아오다
안동! 관광거점 도시로 지정되다
윤시헌 주변의 명소
한옥체험업 허가와 사업자 등록

처마 밑에 제비가 돌아오다

2월 말부터 시작된 공사는 경칩, 춘분, 청명을 지나 한 달여 정도 흘러 4월 초가 되었다. 서까래와 기와를 새로 이었더니 집의 형태가 서서히 갖춰져 갔다. 중국의 양쯔강 강남에서 겨울을 보내고, 매년 3월이면 한국으로 돌아오던 제비의 모습도 요즘 여간해서는 보기 힘들다. 지구 온난화로 제비 같은 철새가 기온이나 계절 변화에 둔감해지면서 제때 서식지 이동을 못 하는 현상이 발생하고 있다.

16년간 사람이 떠난 집에는 더더욱 제비가 돌아오지 않았다. 처마 밑을 보았더니 둥지를 튼 흔적조차 없었다. 어릴 적에는 제비가 바닥에 똥이 떨어지기에 신문을 받쳐 놓기도 했었는데…. 이제는 그런 일조차도 그리운 나이가 되어 버렸다.

하지만 2021년 봄은 달랐다. 공사가 한창인 4월 초부터 처마 밑으로 제비가 저공비행이라도 하듯 들락날락하며, 논에서 지푸라기를 물고 와 열심히 집을 짓고 있었다. 마치 사람의 정을 느끼러 온

윤시현, 그리움을 머무름으로 다독이며

것처럼 사람을 두려워하지 않고 묵묵히 자기 일에 최선을 다하는 모습이었다. 참 신기한 일이었다. 16년간 강남 갔던 제비가 찾아오지 않다가 집수리를 할 때 다시 돌아오는 모습이 반가울 나름이었다. 마당을 100년 이상 지키고 있던 감나무와 밤나무도 새싹을 틔우고 잎이 점점 자랐다. 따뜻한 봄바람에 갓난아기 손 같은 잎은 누가 더 색이 짙은지, 서로에게 이야기라도 하듯 마주 보며 흔들리고 있었다. 초록색의 잡초가 무성했던 마당이 정리되니 연두색의 두 나무의 잎은 더더욱 짙게 보였고 주인공이 된 듯하였다.

이런 광경을 보고 있으니, 한시(漢詩) 한 수가 생각났다. 예전에 대학에서 한문을 전공할 때를 생각하며, 여러 가지 단어들을 머릿속으로 떠올리며 생각했다. 한시 전문가나 안동 도산서원에서 매년 열리는 도산별시의 심사위원이 보면 빵점짜리 시(詩)겠지만 평측, 압운, 어순, 성조 등의 엄격한 법칙을 완전 무시하고 율시헌과 두 아들을 생각하며, 칠언절구 형식으로 적었다.

古宅在燕復不來 (고택재연복불래)
椽瓦更時西燕歸 (연와갱시서연귀)
栗枾相見靑葉濃 (율시상견청엽농)
兄弟同望友愛厚 (형제동망우애후)

낡은 집은 그대로인데, 제비는 돌아오지 않네
서까래와 기와를 고칠 즈음 서쪽에서 제비가 돌아오네

밤나무와 감나무는 서로 마주 보며 푸른 잎이 짙어지듯
형제끼리 같은 곳을 바라보며 우애가 두터워지길

밤나무, 감나무가 100년을 서로 마주 보며 율시헌을 묵묵히 지키고 서로를 의지한 것을 적었다. 나의 두 아들 도유, 재하도 나중에 어른이 되어 서로에게 버팀목이 되는 의 좋은 형제가 되었으면 하는 바람이다.

내가 나고 자란 집 율시헌은 제비가 돌아오면서 멋진 이야깃거리가 생겼고, 어릴 적 제비 똥을 치우기 위해 신문을 깔아놓았던 그 시절이 그리운 현재의 나. 새끼를 위해 먹이를 쉼 없이 잡아 나르는 부모 제비처럼 '나의 부모님도 나를 위해 똑같이 했겠지?' 하고 생각하니 우리 아들을 위해 나도 열심히 일도 하고, 캥거루족이 아닌 스스로 자기 앞가림을 할 수 있을 만큼만 열심히 키워야겠다고 다시 한번 다짐하고 맹세한다.

어릴 적부터 살던 동네이고 외지인이 들어와서 사는 이웃도 있지만, 80%가 넘는 동네 주민은 내가 어렸을 때부터 크는 것을 봐온 분들이다. 그들이 찾아와서 다들

"십수 년을 방치하여 너무 안타깝고 집이 허물어져 가는 것이 아쉬웠다. 젊은 친구가 이런 결정을 하고 들어와 살면 참 좋겠다."

라고 말씀하셨다.

윤시헌, 그리움을 머무름으로 다독이며

허물려고 했을땐 폐가였지만, 품었더니 멋진 집이 되었다   3장

그렇게 날아온 제비들과 따뜻한 봄날 주변 나무들이 싹을 틔우고 잎이 하루가 다르게 푸르러지듯 율시헌 역시 새 옷을 갈아입으며, 점점 변화되는 걸 느꼈다. 나 또한, 16년간 끊어진 율시헌의 시간의 켜를 이으려 노력하고 있다.

제비는 흥부 놀부 속에 등장하는 착한 사람에게 복을 주는 새이다. 그런 제비처럼 이곳을 찾는 사람에게 추억이라는 박씨를 선물하고 싶다. 율시헌 자체가 내 인생이 받은 귀중한 선물이다.

누구나 인생을 살면서 자랑하고 싶은 이야기 혹은 흑역사와 같이 숨기고 싶은 이야기가 있으리라. 앞으로 율시헌에서 단순히 나의 이야기가 아닌 '이 집과 나와 손님'에 대한 아름다운 스토리텔링을 만들어 가고 싶다.

안동! 관광거점 도시로 지정되다

2020년 1월 문체부는 외국인 관광객이 서울에 집중되는 한계를 해소하기 위해 지방에 새로운 관광거점을 육성하고자 5곳을 선정하는 사업을 진행하였다. 선발 과정은 6개 광역시 중 1곳을 국제관광 도시로, 8개 광역시, 도가 추천한 기초지자체 중에서 4곳을 관광거점 도시로 하는 총 5곳을 지정하는 것이었다.

국제관광 도시 1곳은 부산과 인천이 끝까지 치열한 경합을 벌인 것으로 알려졌지만, 부산이 가진 인프라와 다양한 축제와 역사, 문화를 활용한 사업 내용이 우수하고 정책 이해도가 높다는 평가를 받아 우리나라 제2의 도시답게 선정되었다. 5년간 1천억 원이 넘는 예산을 지원하여 지역 재생과 코로나19로 침체에 빠진 관광 산업을 육성한다고 한다.

관광거점 도시로 지정된 지방 도시 4곳은 다음과 같다.

평창올림픽 유산을 비롯해 동해안 자연환경을 바탕으로 한 강원도 강릉시
한옥 마을, 한국의 먹거리, 전통문화 브랜드를 갖춘 전라북도 전주시
근대역사문화, 섬 등 지역 특화 자원의 잠재력과 원도심 재생을 연계한 전라남
도 목포시 유교문화와 전통, 유네스코 문화의 동네, 다양한 먹거리, 엘리자베스 여
왕의 "로얄 웨이" 한국 정신문화의 수도인 경상북도 안동시

  안동은 다른 도시보다 인구도 적고 슬로 시티다. 하지만 대통
령 선거 때 매스컴을 보면 후보자들이 대구의 서문시장과 부산의
자갈치시장을 방문하고 몇 명 살지도 않는 안동은 꼭 들린다. 양반
의 도시 이미지와 퇴계 이황, 서애 류성룡 선생 등 대학자들을 배
출한 도시이기에 작지만 강한 곳이기 때문일 것이다. 鄒魯之鄕(추
로지향_맹자의 고향인 추나라, 공자의 고향인 노나라) 우리나라의 경
우 안동과 전주를 지칭한다고 보면 될 것이다. 이렇듯 안동은 작지
만 강한 지역이다. 1960, 70년대 남한 인구가 3천만 명이었고, 안
동 인구는 30만 명을 바라보는 거대 도시였다. 지금 내가 살고 있
는 울산광역시도 그 시절에는 안동보다 작은 어촌 도시였다. 안동
은 낙동강 상류에 있는 지리적인 약점으로 공장과 대기업이 들어
올 수 없어 지속해서 인구가 줄어 현재는 16만도 안 되는 시골 도
시가 되어 버렸다.

  안동이 관광 거점 도시로 선정이 될 즈음 율시헌은 안동의 대표
한옥 숙소가 될 준비를 하고 있었다. 안동찜닭의 구 시장 원도심은

율시헌, 그리움을 머무름으로 다독이며

물론 안동 터미널과 KTX 안동역까지 10분 거리라 접근성도 좋았다. 대구에 있던 국제공항도 의성 쪽으로 이전하게 되면 대구국제공항까지도 차로 20분이 걸릴 것이다. 안동의 주요 관광지 하회마을과 병산서원, 도산서원은 물론 젊은 사람들의 성지 미스터 선샤인의 '만휴정' 등을 차로 15~30분 내 갈 수 있는 가까운 곳에 있다.

위치는 물론이고 율시헌만의 강점을 살려 홍보하여 입소문까지 퍼져 시골집이 출세하여 전국에서 오신 손님의 진정한 휴식공간으로써 자리매김했으면 좋겠다.

율시헌 주변의 명소

한옥 스테이를 하려는 사람은 단순히 전통가옥에서 숙박만을 하기 위함이 아니다. 대부분 여행을 온 사람이며, 관광을 즐기는 것이 주목적이다. 그렇기에 한옥 스테이 주변에 둘러볼 관광지가 많다면, 입지 조건으로 금상첨화이다.

현대는 콘텐츠 시대이다. 콘텐츠를 가진 사람이 시장을 지배한다. 콘텐츠에서 가장 중요한 것은 스토리텔링이다. 페이스북이나 카카오톡도 하나의 콘텐츠라 할 수 있다. 그것이 성공한 주된 이유도 스토리텔링을 담고 있기 때문이다.

그런 의미에서 율시헌 주변에 있는 자연환경을 비롯한 관광 명소는 전국 어디에 내놓아도 손색이 없을 정도의 빼어난 스토리텔링을 가지고 있다. 그것은 전통인 동시에 보물인 동시에, 뛰어난 자연경관인 동시에 율시헌의 콘텐츠이기도 하다. 그런 유명한 곳을 하나씩 소개하고자 한다.

율시헌, 그리움을 머무름으로 다독이며

1. 암산유원지/ 암산 얼음 축제/ 굴다리/ 측백나무 자생지/ 암산폭포/ 고산서원
2. 무릉유원지/ 백조공원
3. 권정생 선생 문학관/ 보물 조탑동 5층 전탑
4. 최치원 문학관/ 천년 사찰 고운사

    율시헌이 있는 동네 '암산'은 한자로 바위 암^(岩), 뫼 산^(山)이다. 바위가 많은 산이라는 의미의 지명이 되었을 정도로 산 전체가 바위로 이루어져 있고, 깎은 듯한 기암절벽이 동네 전체를 둘러싸고 있다. 낙동강 지류인 미천이라는 하천이 동네를 휘감아 도는 하회 마을과 같은 사행하천의 특징을 지닌 마을이다. 겨울에는 정오가 되어서야 햇빛이 든다. 동네의 기후 특성상 겨울에 얼음이 30㎝ 이상 어는 곳이다. 이런 지리적 이점으로 한강 이남에서는 유일하게 얼음 축제가 열리며, 스케이트와 썰매 타기, 빙어 잡기, 석빙고 채취 체험, 얼음조각 등 다양한 체험 거리가 있다. 실내 빙상장이 없던 내가 초등학교에 다닐 무렵엔 전국 동계 체육대회 스피드 스케이팅을 암산유원지 자연 빙상장에서 하기도 했다.

    요즘 사람이 알 만한 모태범, 이상화의 한참 선배인 1992년 알베르빌 동계올림픽 1,000미터 은메달리스트인 김윤만 선수, 올림픽에서는 메달을 따지 못했으나 세계선수권 등에서 우승했던 배기태 선수와 같은 세계적인 스타들의 질주를 어린 시절 촌놈인 내가 직접 보고, 사진도 찍고 사인도 받고 했던 곳이다.

    겨울을 제외한 나머지 계절에는 수목의 그림자가 넉넉해 고요

하고 아늑한 곳이다. 오리배를 탄 청춘남녀의 말소리가 조곤조곤 들리기도 한다. '유원지'라는 단어는 근대적인 느낌이 풍긴다.

윤시현, 그리움을 머무름으로 다독이며

암산유원지는 닭백숙이 유명하고 캠프장, 예쁜 카페들이 있다. 또한, 놀이공원이 많지 않던 예전부터 지금까지도 안동 사람에게는 휴식과 드라이브 코스로 유명하다.

윤시현, 그리움을 머무름으로 다독이며

　구 도로 바로 옆에는 만장암 바위를 뚫어 만든 굴다리가 있다. 예전에는 물 밑의 바위를 수성암 또는 창석이라 하였는데, 오랜 시간 물속에 잠겨 육중한 바위산이 누르는 압력을 온몸으로 받아낸 암석은 치밀하고 단단하여 먹을 갈아 종일 두어도 물이 마르지 않는 최고의 벼루의 재료였다고 한다.

　일본 강점기에 주민을 강제로 동원해 뚫은 굴다리 위 기암절벽 위 바위틈 사이에는 1975년에 천연기념물 252호로 지정된 200년이 넘은 구리 측백나무가 300여 그루 있다. 그리고 그곳에는 돌이끼, 부처손, 은빛 고사리들이 함께 자생하고 있다.

　또한 굴다리 건너편에는 소나무 숲을 앞세운 서원이 자리하고 있다.

퇴계의 학맥을 이은 조선 후기의 유학자 대산 이상정 선생의 학
문과 정신을 추모하기 위한 고산서원(高山書院)이다.

윤시헌, 그리움을 머무름으로 다독이며

관직에서 물러난 후 고향인 이곳에 와서 오직 인재 양성에 힘쓰며 생활하던 곳이다. 수십 칸이나 되는 고산서원은 어린 시절 동네 또래 친구들의 숨바꼭질 장소로 이용되기도 했다.

고산서원에서 남쪽으로 조금 걷다 보면 절벽에서 떨어지는 암산 폭포를 볼 수 있다. 여름철 차를 타고 지나다 폭포가 떨어지는 모습을 보면 자연스레 차를 멈추고 내려 한참을 쳐다보고 가기도 한다.

윤시현, 그리움은 머무름으로 다독이며

2016년 KBS에서 방영된
전혜빈, 박병은 주연의
드라마 스페셜
'국시집 여자'

윤시현, 그리움을 머무름으로 다독이며

암산유원지 옆에는 또 다른 무릉유원지가 있다. 앞에는 기암절벽이 있고, 유유히 흐르는 강이 굽이쳐 흐르는 오리배를 탈 수 있는 곳이다. 암산유원지에 비해 조용하고 아기자기한 것이 특징이다. 절벽의 모습은 하회마을의 부용대와 견주어도 결코 손색이 없는 절경을 자랑한다. 과거 백조가 노닐던 곳이라 하여 최근에는 백조공원을 조성하여 백조 생태체험장을 운영하고 있다. 또한 지금은 옛 추억으로 사라졌지만, 90년대 안동 최초의 놀이공원인 무릉랜드가 있었다. 바이킹, 회전목마, 범퍼카, 스카이 마스터, 청룡열차, 대관람차, 눈썰매장 등 생각보다 큰 규모를 가진 이곳은 안동 시민에게 휴식과 즐거움을 주던 곳이었다.

수년 전 KBS에서 방영된 전혜빈, 박병은 주연의 드라마 스페셜 '국시집 여자'가 촬영되기도 했다. 파스텔 톤의 한 폭의 수채화 느낌이 나는 무릉유원지! 초등학교 시절 소풍을 자주 갔는데, 보물찾기했던 추억이 새록새록 떠오르며 그 시절로 돌아가고 싶어진다.

중년이 되어가는 40대 중반의 또래의 친구들
눈치 보며 직장 생활을 하는 친구들
자영업하는 친구들
세상살이에 찌든 때를 잠시나마 벗어 던질 수 있는 곳
딱지치기하던 그 시절 추억이 있는 곳
아빠가 된 지금의 아빠 미소보다 더 멋진
초등학교 시절의 그 순수한 미소를 지을 수 있는 그런 곳

윤시현, 그리움을 머무름으로 다독이며

율시헌에서 대구 방향으로 5분 정도 가다 보면 우리에게 익숙한 "몽실언니" "엄마 까투리" "강아지 똥"으로 유명한 권정생 작자의 생가와 예전 일직 남부초등학교 건물을 리모델링한 '권정생 선생 어린이 문학관'이 있다. 문학관 안으로 들어서면 등단 시절부터 마지막까지 여러 작품과 유품이 전시되어 있어서 선생의 삶과 문학세계를 느껴볼 수 있다. 선생의 작품에는 가난하고 외로운 사람이 무시당하고 상처받는 모습과 그런데도 하찮고 보잘것없이 여겨진 존재들이 어려운 상황에서도 희망의 끈을 놓지 않는 따뜻함이 잘 그려져 있다. 권정생 문학관 마당에는 1961년 개교 후 2009년에 폐교한 학교라 그런지 옛 교정의 흔적이 잘 남아 있다. 운동장에는 20m가 훌쩍 넘는 플라타너스가 둘러싸여 있고, 동화 속 주인공이 밖으로 나와 있는 것처럼 여러 조형물이 있다. 포토샵과 놀이터도 잘 꾸며 놓았기에 어린 자녀와 함께 와 볼 만한 곳으로 추천한다.

"좋은 동화 한 편은 백 번 설교보다 낫다"라는 선생의 생각을 대신하는 말이 적혀져 있다. 어린이가 마음껏 꿈꿀 수 있는 평화로운 세상을 노래한 아동문학가라는 걸 다시 한번 느낄 수 있다. 나 또한 초등학생 5학년, 2학년의 두 아들에게 지금 쓰고 있는 이 책을 보여주고 싶은 이유는 아닐까?

권정생 선생 문학관에서 차로 또 5분 거리 남안동 IC 진입 전에 조탑동이라는 동네가 있다. 이름에서 느껴지듯 탑과 상관이 있을 듯한 느낌이 드는 지명이다. 신라시대, 고려시대를 거치면서 우리나라 전역에는 목탑, 석탑, 청동탑, 전탑 등 시대와 지역에 따라 다

윤시헌, 그리움을 머무름으로 다독이며

양한 형태로 탑 문화가 발전을 해왔다, 세워진 시기, 양식, 사용 용도에 따라 만든 목적은 제각각이었을 것이다. 신앙의 매개체로서, 기념물로, 감시와 전망의 기능 등 다양한 용도로 말이다.

그중에서도 벽돌로 쌓아 올린 탑을 전탑이라 한다. 현재 전국에 5개의 전탑이 잘 보존되어 있고, 그중에 3개가 안동에 있다. 옛날 안동역 바로 옆에는 통일신라 시대에 세워진 보물 제56호 "법흥동 5층 전탑"이 있고 안동댐 입구 임시정부 초대 국무령을 지낸 석주 이상룡 선생의 생가인 99칸 저택인 "임청각" 바로 앞에 국보 제16호 "법흥사지 7층 전탑"이 있다. 그리고 마지막이 일직면 조탑동에 있는 보물 제57호 "조탑동 5층 전탑"이다. 논 한가운데 수백 년간 방치되는 바람에 훼손 상태가 너무 심하여 몇 해 전 문화재청에서 해체 수리를 결정했다. 아직도 복원공사는 계속되고 있고 차를 타고 지나가면, 임시 건물에 씌워져 탑은 보이지 않는다.

율시헌 또한 재작년까지는 흉물스러운 모습이었다. 사람의 따뜻한 손길이 아닌, 비바람과 거친 세월이 그렇게 만들어 버렸다. 시간을 되돌릴 수는 없지만 16년간 끊겼던 시간의 켜를 이어 주었더니, 예전의 모습으로 다시 태어났다.

멋지게 복원되어 멋진 모습으로 돌아올 탑을 기약해 본다.

율시헌에서 대구, 의성 방향으로 5킬로 정도를 가다 보면 좌측에 소호리 교회가 보인다. 천년 사찰 고운사(孤雲寺) 이정표가 보이고 다시 그 길을 10여 분을 가다 보면 최치원 문학관(崔致遠 文學

觀)과 천년 사찰 고운사가 있다. 주말이나 사색이 필요할 때 가볼 만한 곳으로 1킬로 가량의 산책길과 아름다운 풍경이 있는 곳으로 안동 시내버스도 다닌다. 하지만 실제 와 본 사람은 잘 없을 정도로 아는 사람만 아는 곳이기도 하다.

고운사는 681년(신문왕 1년) 신라시대 고승인 의상이 창건한 후 최치원이 절 내 다른 건물을 지어 현재 규모의 큰 절이 되었다. 조계종 제16교구 본사이며 의성, 안동, 봉화, 영양 등지의 사찰을 관할하고 있기도 하다. 사찰 내 약사전과 석가여래좌상이 보물급 문화재로 지정되어 있기도 하다.

가을에 은행나무와 단풍이 알록달록 옷을 바꿔 입을 때 사찰 입구
까지 약 1킬로를 맨발로 거닐면 새소리, 벌레 소리, 물소리에 정신
이 나가 어느덧 일주문에 다다를 것이다.

　우리나라 사찰 중 가장 아름답다는 일주문은 예부터 전해오는
전설이 있다.

　저승에 가면 염라대왕이 "고운사는 다녀왔느냐?"라고 묻는다
고 한다. 그만큼 자연경관이 아름답다. 절 경내를 가로질러 흐르
는 계곡에는 누각 '가운루'와 '우화루'가 있다. 극락전과 마당을 이
루는 우화루에는 호랑이 벽화가 있는데 그 눈이 매섭다. 나의 눈
이 다른 곳으로 움직이면 호랑이 눈도 따라 움직이는 착시현상이
나타나기도 한다.

　윤시현, 그리움을 머무름으로 다독이며

또한 2층 누각 형태의 가운루는 3쌍의 가늘고 긴 기둥이 계곡 밑에서부터 거대한 몸체를 떠받치고 있다. 옛 기록에도 있듯이 가운루는 "누각에 서면 아래로는 계류가 흐르고, 뒤로는 찬란한 산들과 구름의 바다를 접하는 신선의 세계"라고 극찬한 절경이다.

또 고운사 가는 길에는 신라의 대학자인 최치원 선생의 학문과 사상을 기리기 위해 최치원 문학관이 있기도 하다. 최치원 선생이 관직에서 물러난 후 전국을 유람할 때 고운사에서 머물며, 가운루와 우화루를 지어 고운사 중창에 힘썼으며, 불교문화에 크게 이바지했다고 한다. 이에 고운사 권역에 문학관을 건립하여 선생이 소망했던 평등과 인간 존엄의 정신을 기리고, 소통을 통해 이상사회를 실현하고자 했던 정신을 기리고 있다.

이 외에도 주변에는 다양한 유적지, 박물관, 체험활동 장소, 계곡 등이 있어 주말에 아이와 함께 가보는 것도 좋다.

한옥체험업 허가와 사업자 등록

한옥체험업

01. **한옥건축기준(국토교통부)에 적합한 한옥**
건축물 대장에 목구조, 와즙 어면서 실제 현황이 중요

02. **전입신고 및 실거주 불필요**
한옥체험업은 거주 요건이 없음 (지역마다 다름)

03. **건축물 용도와 무관하게 한옥이면 가능**
주택, 근생 등 용도와 무관함 (지역마다 다름)

04. **구체적인 등록 기준은 담당 공무원과 상담**
지역마다 등록 기준이 다를 수 있으므로 공무원과 상담 필수

'한옥'이란 주요 구조가 기둥·보 및 한식지붕틀로 된 목구조로 우리나라 전통 양식이 반영된 건축물 및 그 부속건축물을 말한다.

해외여행을 가게 되면 그 나라의 전통음식, 전통 주거 형태에 대해 관심도 많고 체험을 하기도 한다. 외국 관광객으로서는 한식과 한옥이 그러할 것이다. 얼마 전까지만 해도 한옥체험업은 일부 지역(안동의 고택, 전주 한옥마을, 경주 한옥마을 등)에 국한되었다.

그 외 지역은 사업을 운영하는 데 한계가 있다는 선입견이 있었으나 국내 관광지의 다양한 개발로 외국인이 방문하는 관광지도 다양해져 한옥체험업도 전국적으로 확산하고 있는 추세이다.

또한 외국인 관광객 유치와 지역 관광산업 성장 등을 위해 각 지자체는 한옥체험업을 직간접적으로 지원하고 있기에 최근에는 전국에서 우후죽순으로 많이 생기고 있다. 한옥체험업의 대상이 되는 '한옥'은 주요 구조부가 목조구조로 한식 기와 등을 사용한 건축물 중 고유의 전통미를 간직하고 있는 건축물과 그 부속시설이라고 정의하고 있다. 정의는 이러한데 지자체별로 한옥을 판단하는 기준은 다소 상이하고 기준에 맞지 않는 곳

도 허가를 받아 영업하고 있는 듯하다. 건축물대장상에 '목구조'라고 표기되어 있으면 인정되는 곳도 있고 '목구조'이지만 목재 종류를 보는 지자체도 있다. 더욱 세세하게 보는 곳은 기와의 형태까지 본다. 한옥의 기준에 부합한다고 해서 바로 한옥체험업으로 등록할 수 있는 것은 아니다. 한옥체험업은 '한옥(주요 구조부가 목조구조로서 한식 기와 등을 사용한 건축물 중 고유의 전통미를 간직하고 있는 건축물과 그 부속시설)에 숙박 체험에 적합한 시설을 갖추어 관광객에게 이용하게 하는 업'으로 정의되어 있기 때문에 그에 적합한 시설을 갖추어야 한다.

코로나 이전에는 한옥체험업의 인허가 시 '한옥건축기준'을 그렇게 까다롭게 보지 않았다. 하지만 현재는 많은 외국인과 내국인이 선호하기에, 그로 인한 공유 숙박 플랫폼 '에어비앤비' 한옥 카테고리 신설 등으로 상황이 많이 바뀌어 한옥 건축 기준을 엄격히 본다. 한옥체험업을 신청하면 담당 공무원이 현장에 나와 실사를 꼭 하게 되어 있다. 한옥체험업을 준비하거나 계획하고 있다면, 관련 법규를 잘 확인해야 하며, 지자체 담당자에게 반드시 물어보고 진행해야 한다.

한옥 등 건축자산의 진흥에 관한 법률 (약칭: 한옥등건축자산법) [시행 2020. 12. 10.] [법률 제17344호, 2020. 6. 9, 타법개정]을 보면 상세하게 나와 있으니, 살펴보길 바란다.

나 또한 나름대로 인터넷과 관련 법령을 알아본 후 안동시청 관광진흥과로 서류를 제출했다. 공사가 거의 끝나갈 즈음 담당 공무원이 율시헌에 방문했다. 꼼꼼하게 체크 리스트를 기입하고, 핸드폰으로 사진을 찍었고, 나는 따라다니면서 질문에 응했다. 그리고 얼마 지나지 않아 안동시장 직인이

찍힌 한옥체험업 관광사업등록증이 2021년 6월 말에 나왔다.

또한 세무서에서 발급해주는 사업자등록이 필요했다. 안동세무서로 개인 사정상 평일에 가기엔 어려운 상황이었다. 내가 사는 서산세무서에 방문했고, 샘플 양식에 맞춰 작성하여 제출하면 수 일내 발급된다고 했다.

모든 영세 사업자의 고민이 '일반사업자로 하느냐? 간이사업자로 하느냐?'일 것이다. 일반사업자는 부가세 10%를 돌려받을 수 있는 장점이 있고, 간이사업자는 년 매출 얼마 이하의 경우는 세금이 없는 장점이 있다. 그전까지는 년 매출 4,800만 원 이하였으나 2021년 적용된 기준에 따라 8,000만 원으로 상향되었다. 부동산 임대업과 과세 유흥업은 4,800만 원을 유지하고 있다.

일시불로 10% 금액을 돌려받고 세금을 낼 것인가? (단, 10년 동안 일반사업자를 유지한다는 조건이 있다) 연 매출 8,000만 원 이하로 판단하고 간이사업자를 선택할 경우 폐업할 때까지 세금을 내지 않아도 되는 상황이었다.

여기서도 고민이 되었다. '과연 율시헌이 1년에 8,000만 원 매출이 가능할까?'

8,000만 원을 12달로 나누면 한 달에 667만 원이고 1박에 30만 원으로 가정했을 때 22박은 해야 한다는 계산이 나온다. 한 달을 30일로 볼 때 3분의 2 이상은 예약이 되어야 한다는 것이다. 예를 들어 리모델링 비용이 2억이라고 가정하자. 10%인 2,000만 원을 돌려받고 세금을 낼지? 아니면 2,000만 원을 안 돌려받고 세금을 안 낼지? 말이다. 나름 엑셀에 함수를 걸어 여러 가지 경우의 수를 따져 보았다.

특히 한옥스테이를 준비하고 있는 사람이라면, 나 같은 고민을 할 것이다. 참고로 한옥체험업을 계획하고 있는 독자를 위해 간단하게 요점 정리를 해보았다

그리움을 머무름으로 다독이는
공간이 되었다

4장

방송 촬영을 하다.
드디어 첫 손님이 왔다
안동의 핫플이 되어 옥캉스를 공유하다
경쟁 업체들의 등장
스테이폴리오에 입점하다
관리의 중요성과 피드백

방송 촬영을 하다

2021년 7월 무렵 집이 완성되었다. 3D보다 실물이 더 잘 나온 것 같아 너무 좋았다. 원래 있던 집안의 소품과 새로 구매한 제품이 최대한 잘 어울리게 조화를 이루도록 나름 신경을 써서 예쁘게 꾸몄다. 인스타그램, 페이스북 등 SNS는 하지도 않던 내가 멋지게 바뀐 율시헌을 자랑이라도 하고 싶었던 걸까? 공사 이전의 모습, 중간과정, 마무리된 모습 등 내 핸드폰에는 어느덧 수천 장의 사진이 나도 모르게 찍혀 있었고, 인스타그램에도 한두 장씩 올려져 있었다. 팔로워, 팔로잉이 나날이 늘었고 게시물도 하나둘씩 늘어날 때쯤 핸드폰에서 모르는 번호로부터 전화가 왔다.

"여보세요? 누구세요?"

"아, 안녕하세요? EBS 건축 탐구 집 PD입니다. 저희 프로그램을 혹시 아시나요?"

"아, 네…." (사실 난 이 프로그램의 애청자였다! 노은주, 임형남 부

부 건축가는 물론 다른 건축가들이 나오는, 하하)

'EBS 건축 탐구 집'이란 프로그램도 여러 명의 PD가 매스컴과 유튜브, 인스타 등에서 방송에 소개할만한 집을 찾고 있었다.

EBS 자체 회의를 통해 율시헌이 선정되어 꼭 촬영하고 싶다고 했고, 의사를 물어왔다. 괜찮다고 했더니, 다음 주에 현장 방문이 가능하냐고 했다. 스케줄을 확인하고 만날 날짜를 정했다.

며칠이 지난 8월의 어느 날 점심시간이 지나 가장 더운 오후 2시쯤 율시헌으로 은색 스타렉스가 들어왔고 무려 6명이 우르르 내렸다. 20대 초반의 아가씨에서 가장 대장님?으로 보이는 50대 여성?까지….

아무튼 집 안으로 들어와서 미리 준비해둔 커피를 한 잔씩 마시며, 이 집의 역사와 집주인의 소개, 리모델링을 하게 된 동기, 준비과정, 진행 중 힘든 점과 에피소드 등 2시간여 걸친 얘기를 나눴다.

"서울 방송국으로 복귀 후 다시 내부 회의와 방송 컨셉을 정한 후 연락을 드리겠습니다."라고 말하며 떠났다.

일주일이 지난 어느 날 담당 PD로부터 전화가 왔다. 전화 받기 전 조만간 율시헌이 공중파 TV를 타겠구나 하고 흥분된 상태에서 전화를 받았다.

"여보세요? 율시헌입니다."

그러자 PD는 차분한 목소리로

"자체 회의를 했습니다. 여러모로 검토했는데 집은 너무나 이

쓰고 방송에 소개할만하나 집주인이 실제 살고 있는 것이 아니라 한옥스테이로 운영하고 있기에 방송 취지와 안 맞아 너무나 아쉽습니다."라고 말했다.

진짜 컨셉이 안 맞은 걸까? 아니면 율시헌보다 더 좋은 곳이 있기에 안된 걸까? 기대가 너무 커서일까? 아쉬움 또한 너무나도 컸다.

얼마 후에는 LG 하우시스에서 연락이 왔는데 율시헌 마룻바닥이 LG 하우시스 제품이 설치되어 있기에 책에 실을, 영상이 아닌 사진 촬영을 요청해 왔다. 관리인이 있기에 편하게 하라고 했고, 얼마 뒤 숙박 잡지와 유튜브에 영상이 올라오기도 했다.

여름이 지나고 율시헌의 마당에 감나무에 홍시가 열리고 하나 둘 씩 떨어지는 늦은 가을이 되었다. 어느 날 냉동식품^(사골곰탕, 만두, 육개장, 삼계탕)으로 유명한 '비비고' 란 회사에서 연락이 왔다.

방송용 CF를 찍는데 강릉의 OOO, 전주의 OOO, 서울의 OOO, 안동의 율시헌이 최종 후보 4곳으로 선정되었다고 했다. 일단 카메라 감독과 PD가 현장 답사한 후 최종 두 곳을 선정한다는 것이다. 앞에서 말한 'EBS 건축 탐구 집'처럼 김칫국부터 마실까 봐 큰 기대는 하지 않았지만, 장소 제공 비용이 생각보다 훨씬 커서인지 사실 마음속으로는 됐으면 좋겠다고 생각했지만, 이번에도 역시 안 되었다.

율시헌, 그리움을 머무름으로 다독이며

비용과 시간과 노력을 들여서 다시 했을 때

가을이 지나고 겨울이 왔다.

이번에는 'MBC 생방송 오늘 저녁'이라는 방송 프로그램의 PD
로부터 전화가 왔다.

동 시간대의 강력한 라이벌 'KBS의 6시 내고향'과 비슷한 컨셉
의 방송이다. 촬영 후 바로 다음 주에 15~20분가량 지상파로 송출
된다고 했다. 어떻게 하다 보니 머리털 나고 처음으로 카메라 앞
에 서게 된 것이다.

지정된 대사는 물론 애드립 같은 대사도 하고 1박 2일간 동네
부녀회 아주머니들, 영양군청 토목과에서 근무하는 초등학교 친구
명배, 친구처럼 지내는 태권도 학원 관장인 고등학교 후배 동우와

오늘저녁

(집이 비어 있던) 16년이라는 시간이
사라진 게 아니라 연결되는 느낌이에요

율시헌, 그리움을 머무름으로 다독이며

함께 율시헌의 저녁 시간을 배경으로 안동 간고등어를 굽고, 옛날 이야기를 하는 잊지 못할 영상을 촬영했다.

　이 방송을 보고 20여 년 전 군 생활을 하던 동기, 고참, 후임 등 여러 명에게서 전화가 오기도 하고, 친했던 동기 맹민호와 황근태라는 친구들은 서울과 인천에서 가족을 데리고 놀러 오기도 했다.

　그 외에도 몇 번 촬영했고, 안동시청 관광과에서 유튜브에 올릴 안동 관광 홍보영상인 사계절을 테마로 하여 볼거리, 먹거리, 멋진 숙소를 촬영했다.

드디어 첫 손님이 왔다

2021년 10월 2일을 오픈 날짜로 잡았다. 예약은 개인 블로그를 통해 받았다. 왜냐하면 예약 포털 사이트에 가입하기 전이었기 때문이다. 블로그에 댓글로 예약을 잡았는데, 오픈하기로 한 10월 2일 예약 댓글을 달면서 예약이 성사되었다. 손님이 남겨준 전화번호로 전화해서 몇 명이 올 것이며, 언제 올 것인지, 며칠 동안 있을 것인지 등과 개인정보를 확인했다. 신청한 손님은 아가씨 네 명이었고 충북 청주에 사는 십년지기 친구들의 우정 여행이라고 했다.

사실 오픈하기 전인 9월 무렵에는 대한통운 택배 파업과 코로나19 상황으로 인해 일부 인테리어 자재가 갖춰지지 않은 상황이었다. 가구 일부와 소파 등의 소품이 80%만 세팅된 상태였는데, 손님에게 그런 상황을 설명하며 양해를 구했다. 그랬더니 괜찮다는 답변을 얻었다.

윤시현, 그리움을 머무름으로 다독이며

첫 예약이 성공하자 하늘을 날 듯이 기뻤다. 그리고 첫 손님을 기다리며 빠뜨린 것이 없는지 확인하고 또 확인했다. 한 마디로 지나칠 정도로 재확인했다. 손님들도 개업한 지 몇 년이 지난 집이 아니라 첫 번째 손님이라는 점을 좋아했다.

드디어 예약한 날짜, 율시헌의 오픈 일이 다가왔다. 관리인인 수남이 누나도 첫 손님이라 기대감과 설렘으로 손님이 체크인하기 한 시간 전부터 대기했다. 승용차가 한 대 들어왔고 아가씨 손님들은 가방을 하나씩 둘러매고 차에서 내렸다. 그리고 율시헌을 보더니, 마당에서 환성을 질렀고, 그 모습을 본 나의 마음은 마구 뛰었다.

첫 손님이어서 안동의 상징인 하회탈 액자를 선물로 준비했다. 한 세트에 10개 정도가 들어있는 하회탈 액자였는데, 네 명에게 다 줄 수가 없어 게임을 실시했다. 율시헌 마당에서 딴 밤으로 하나는 삶은 밤, 네 개는 생밤을 테이블에 놓았다. 그리고 선물 소개를 하고 깨물었을 때 삶은 밤을 고르는 사람이 액자의 주인공이라 말했다. 아가씨들은 밤을 한 개씩 깨물었고 그중 삶은 밤을 깨문 아가씨가 하회탈 액자의 주인공이 되었다.

아가씨들은 마당에서 장작을 이용해 숯불 바비큐를 한다고 했다. 관리인 누님이 텃밭에서 직접 키운 상추, 깻잎, 고추 등을 따와서 손재주를 이용해서 쌈 부케를 만들어 주었더니 예쁘다며 탄성을 지르며 좋아했다.

그들은 마당에서 불을 피우고 고기 바비큐를 하며 멋진 추억을 만들었다. 마당 장작불 이야기가 나왔으니 지금 상황을 이야기하면, 그때와는 많이 변해 현재는 마당 장작불을 피우지 않는다. 안동에서 산불이 크게 난 적이 있어, 안동시청에서 통제하기 때문이다. 또한 불을 땔 때 바람이 불거나 하면 목조주택인 율시헌의 화재도 우려되었다. 여러 가지 상황을 감안해서 지금은 별채에서 전기 그릴을 이용해 삼겹살을 굽는다.

첫 손님이 왔을 때가 10월 초다 보니 밤나무에는 밤이 열렸고, 감나무에는 감이 열렸다. 직접 따기도 하고 마당에 떨어진 밤을 주워서 고구마와 함께 쪄서 주기도 했다. 감 홍시는 그대로 먹고 딱딱한 감은 깎아서 곶감 만들기 체험도 했다. 곶감은 자신들은 먹지 못해도 나중에 온 다른 손님을 위해 남겨두었다. 또한 과수원에서 사과를 따서 갖다주었는데 맛있다고 아주 좋아했다.

보통 율시헌에서는 아침이 제공되지 않는다. 하지만 첫 손님이기에 다음 날 아침 관리인 누나의 집에서 조식 서비스를 특별히 제공했다. 푹 곤 사골곰탕에 파를 송송 썰어 띄우고 밑반찬과 함께 어머니뻘 되는 누나의 솜씨로 대접했는데, 손님들은 또 한 번 감동했다. 퇴실할 때 율시헌에 대한 느낌이 궁금하여 물었다.

"처음 율시헌에 도착하여 밖에서 볼 때는 시골집이었는데, 안으로 들어가니 깨끗하고 현대적인 화장실이 좋았고, 소품과 스위치 하나하나마다 주인의 감성과 디테일이 스며들어있음을 느꼈어요.

율시헌, 그리움을 머무름으로 다독이며

이제까지 많은 한옥스테이에 갔으나 이렇게까지 디테일하게 아기자기한 소품을 본 적이 없어요. 주인이 진짜 신경을 많이 쓴 것을 느꼈어요. 저희가 첫 손님이라 좋았고, 삶은 밤 주인 찾기 게임으로 하회탈 액자를 받은 것과 먹기 아까울 만큼 쌈 부케도 인상적이었습니다. 전문 플로워리스트가 만든 것 같아서 신기했습니다."라고 말해주었다. 그리고는 첫 손님이니 함께 사진을 찍자는 나의 제안에 손님과 누나와 나는 삼각대를 세우고 기념 촬영을 했다. 그녀들에게는 너무나 좋은 추억으로 남았는지 다음에 또 오겠다는 말을 남기고 돌아갔다.

율시헌의 컨셉을 정할 때 여러 가지 생각이 많았다. 그러다 생각한 것이 사람에게 있는 오감이다. 사람에게는 다섯 가지의 감각이 있다. 시각, 청각, 후각, 촉각, 미각 등을 감안하여 컨셉을 정하자는 것이었다. 예를 들면 밤늦게 손님이 온다면 외부조명을 환히 켜서 맞이하고, 여름이면 에어컨을 가동하여 시원하게 맞이하고 겨울이면 따뜻하게, 계절에 맞는 온도로 준비하여 맞이하자는 것이다. 율시헌과 잘 어울리는 음악을 켜놓아 청각을 자극하고, 한옥이라는 공간에 기본적으로 배어있는 한옥 향을 손님이 맡을 수 있도록 준비하여 후각을 자극하는 것 등이다.

그리고 율시헌을 현대와 과거가 공존하는 느낌을 받는 곳으로 만들고 싶다고 생각했다. 전통의 한옥과 현대의 과학이 적절하게 조화를 이룬 곳으로….

거기에다 정이 머무는 곳이 되었으면 좋겠다고 생각했다.

보통 에어비앤비와 같은 곳은 무인으로 체크인과 체크 아웃을 한다. 그건 너무 삭막하다고 생각했다. 손님이 오기 전에 대기하여 인사하고 체크아웃 때 배웅해주는 그런 느낌을 주고 싶었다. 그런데 손님을 몇 번 맞이하면서 컨셉이 약간 바뀌었다. 코로나19 상황으로 주인이 맞이하는 걸 부담스러워하는 것이다. 그리고 체크인 당일 어느 시간대에 오는지도 모르고 관리인이 무작정 기다리는 것도 불편했다. 그러다 보니 차츰차츰 컨셉이 변한 것이다. 코로나19 상황이 끝난 지금 다시 한번 '정' 컨셉을 시도해볼 작정이다.

그리고 첫 손님이었던 그 아가씨들이 다시 찾아왔다. 다시 찾아오겠다는 약속하고 떠난 지 6개월이 지난 뒤였다. 한 명은 코로나로 못 오고 3명이 다시 왔는데, 전에 왔을 때 너무 좋아서 다시 왔다고 했다.

그래. 어떤 컨셉보다는 한 번 온 손님이 다시 찾는 그런 율시헌을 만들자!

율시헌, 그리움을 머무름으로 다독이며

안동의 핫플이 되어 옥캉스를 공유하다

요즘 시대는 줄임말 내지 약어로 된 신조어가 학생을 중심으로 젊은 세대까지 자연스럽게 사용하고 있다. 40대 이상의 기성세대나 어르신은 들어도 생소하고 아예 모르는 경우도 많을 것이다. 나 또한 초등학생인 두 아들의 이야기를 듣곤 할 때면 한 번씩 못 알아들을 때도 있다.

제목에서도 '핫플' 그리고 '옥캉스' 란 단어는 '핫 플레이스'와 '한옥 + 바캉스' 의 준말이자 합성어인 셈이다. '핫 플레이스'는 요즘 뜨고 있고 유동 인구가 많이 모이는 인기 지역이란 뜻이고, '옥캉스'는 한옥에서 바캉스를 한다는 의미의 신조어다. 이렇듯 '우리말의 수모' 혹은 '세종대왕의 해외 유학' 이란 말이 적절한 비유가 맞을지는 모르겠지만, 우리말을 아무렇게나 쓰는 것에 대해서는 걱정이 앞선다. 기존 세대에 비해 문해력과 독해력이 떨어진 요즘 세대의 무분별하게 쓰는 단어들을 보면 '너무 하구나' 싶을 때가 많다. 하지만 워낙 많이 쓰이는 말이기에 제목으로 한번 사용해 보았다.

안동에는 몇백 년이 지난 오래된 고택이 많은데, 안동 시내에서 자동차로 짧게는 30분에서 길게는 1시간 가량이 걸린다. 나무가 세월을 먹어 검게 변하고 기품있는 오리지널 한옥은 오히려 손님에게 외면받고 있다. 문화재급의 한옥이라 바비큐와 같은 불을 쓰는 조리시설이 없고 뻥 뚫린 툇마루와 개방형 거실로 인해 방에서만 있어야 한다. 또한, 여름과 겨울에는 추위와 더위, 모기 등의 계절적 제약이 따른다. 독채로 빌리면 30명까지 수용할 수 있는 엄청난 고택들이다. 예전에 마치 머슴을 30명을 거느린 이조판서 집이거나 만석꾼이 사는 규모의 고택들이다.

이와 반대로 도심의 마당 좁은 한옥은 이와 대조되는 상황이다. 좁은 골목을 지나 대문을 지나면 3평에서 5평 남짓의 마당이 있고 앞뒤 좌우는 다른 집에 막혀있다. 건평도 15평 정도에 불과하고 수용인원은 2명에서 최대 4명 정도이다. 방 하나는 요즘 트렌드인 물을 채워 자쿠지를 할 수 있게 만들었으며, 개방감을 위해 넓은 거실을 만들어 방문이 없는 방이 있다. 한쪽 벽에는 프로젝트 빔을 비춰 천으로 된 스크린을 만든다. 주방에는 소형 냉장고 1개와 발뮤다 커피포트와 토스트기 그리고 커피머신과 다도를 즐길 수 있는 세트, 대부분 스테이들이 똑같다. 그리고 안방의 유리는 중국식 원형 창문 스타일, 또한 벽에는 무채색의 가운이 두 벌 정도 걸려있고,

윤시현, 그리움을 머무름으로 다독이며

냉장고 안에는 수입 생수 2병과 사과 음료, 탄산수 1병, 쌀국수 컵라면 2개가 있을 것이다. 몇 가지를 더 이야기하자면 야외 좁은 마당 한쪽에는 키 작은 소나무 한 그루가 심어져 있고, 디딤석을 5개 정도 깔고 그 사이에는 자갈이 채워 있을 것이다. 물론 협소한 공간에서 할 수 있는 것은 제한적이다. 마치 한 사람이 전국의 모든 도심 스테이를 인테리어 한 듯 99%가 똑같다.

앞에서 말한 두 경우와 율시헌은 다른 컨셉으로 가야겠다고 생각했다. 안동 시내에서 차로 10분 거리의 접근성이 좋고, 시골 특성상 넓은 마당이 있고, 최대 5~6명까지 수용할 수 있기에 가족 단위 혹은 여러 명의 친구도 사용 가능한 곳.

또한 율시헌을 방문한 어느 손님의 블로그 글처럼 '서울사람 뺨치는 세련된 시골 할머니의 집'의 컨셉으로 말이다. 가족 단위의 인원을 수용할 수 있으며, 바비큐를 하고 텃밭에서 자라는 신선한 상추, 깻잎, 고추를 직접 따서 먹을 수 있는 곳 말이다. 율시헌을 관리하는 수남이 누나가 계절에 맞게 고구마, 감자, 땅콩, 옥수수를 쪄서 손님께 서비스도 드리고 마당에 있는 100년 된 밤나무와 감나무에서 열매도 직접 따 먹을 수 있는 그런 곳!

걸어서 암산유원지 강가를 산책하기도 하고, 겨울에 암산얼음축제 때는 율시헌 주인 찬스로 스케이트, 썰매도 공짜로 탈 수 있는 곳.

　늦가을이 되면 율시헌 사과 과수원에 아이들과 함께
가서 사과를 직접 따보고 한 상자를 가져갈 수 있는 그런
시골의 인심을 제대로 느낄 수 있는 곳으로 만들고 싶었
다. 이런 상상이 현실이 되었는지 모르겠지만 지금도 조
금씩 보완하고 손님의 말에 귀를 기울이며 하나하나 채워
나가고 있다.

그리움을 머무름으로 다독이는 공간이 되었다   4장

윤시헌, 그리움을 머무름으로 다독이며

대단한 곳은 아니지만 '안동의 뜨거운 장소가
되어 한옥 휴가'를 공유하는 곳이자, '그리움을 머
무름으로 다독이는 공간'이 되고 싶다.

요즘 점점 흰머리가 하나 둘 늘어가고, 예전 노래가 더 좋아지고, 회식할 때도 2차 가는 것보다 집에 가고 싶다는 생각이 더 든다.

벌써 늙은 걸까? 하하하!

그런 이유가 아니라 집이라는 말이 전해주는 포근한 느낌 때문이 아닐까?

나의 숨결과 살갗이 닿고 오랫동안 함께 해서 서로 없어서는 안 되는 그런 존재가 아닐까?

그늘을 내어주는 동네 앞 큰 느티나무처럼 내가 어릴 때나 나중에 늙었을 때나 항상 같은 자리, 같은 모습으로 있어 줄 율시헌….

하룻밤 자고 나면 피로가 풀리는 이유가 뭘까?

나의 삶의 안식처이자 부모님 같은 존재이기 때문이 아닐까!

율시헌, 그리움을 머무름으로 다독이며

경쟁 업체들의 등장

　대중문화의 한류 열풍이 불면서 한국의 생활과 문화에 대한 관심이 어느 때보다 중대되었다. 미디어로부터 전달되는 한국의 모습을 보고, 듣는 관심에서 점차 확대되어 직접 체험하고 느끼는 것으로까지 연결되었다. 따라서 관광객은 물론 어학연수 등 한국을 찾는 외국인이 매년 증가하고 있다. 예전에는 좁아서 불편하고 촌스러운 곳이라는 편견과 무관심에 소외되었던 한옥은 전통문화에 대한 관심이 늘어나고, 단순히 보존해야 하는 대상에서 창조적으로 계승되어야 할 대상으로 바뀌었다. '가장 한국적인 것이 가장 세계적이다'란 말도 있듯이 한국스러움을 보여줄 수 있는 가장 대표적인 것이 한옥이다.

　또한 동아시아의 중국, 일본의 집에는 없는 '온돌'과 '대청'이 있기에 4계절에 적합한 구조로 되어 있다. 건축학적으로 봐도 과학적이고 멋진 집이다. 외국인뿐만 아니라 내국인에게도 삶의 질이 중요시되어 한옥이라는 공간은 힐링의 대명사가 된 듯하다. 대도시의 빌딩 숲과 획일화된 아파트에 대한 싫증과 답답함을 느낀 사람들은 건강하고 친환경적 주거를 갈망한다. 그에 한옥은 부합하기에 새로운 주거의 대안으로 급부상하고 있다.

나도 리모델링 하기 전 전국에 있는 한옥을 예약하고 가족과 함께 가서 직접 자고 만져보기도 하고 온몸으로 느끼기도 하였다. 각 도시의 특징과 인지도, 인프라, 역사성 등을 감안하여 나름 정리해 보았다.

서울의 한옥은 경복궁을 중심으로 북촌과 서촌, 종로를 중심으로 한 전통적인 장소이며, 많은 내국인과 외국인의 발길이 끊기지 않는 한옥 스테이들이 골목 구석구석 있을 정도로 집중되어 있다.

비싼 서울의 땅값이 말해주듯 건물과 대지를 합쳐 30평 내외 임에도 불구하고 최소 10억에서 30억 이상이다. 할아버지 혹은 아버지에게 물려받은 것이 아니면 매매를 통해 자신의 소유로 만든다는 건 꿈도 못 꾼다. 이렇듯 서울은 교통, 인프라, 역사성 등이 집중되어 대한민국 최고의 한옥 명소이다.

신라의 수도 경북 경주는 도시 전체가 국립공원으로 지정되어 있을 정도로 문화재와 볼 것이 많다, 내가 살고 있는 울산과 맞닿아 있는 도시이며, 울산 집에서 차로 20분이면 불국사에 갈 수 있을 정도로 가까운 곳에 살고 있다. 주말이면 아이들과 부산도 자주 놀러 가지만 경주가 더 끌린다. 안동과 같은 경북이라서 그런

지? 아니면 높은 건물이 없고 평야에 도시 전체가 문화재인 만큼 볼 것도 많고 예스러움이 좋아서일까? 아무튼 주말이 되면 경주를 자주 찾곤 한다.

벚꽃이 만발하는 봄이면 어김없이 황룡사 9층 목탑을 재현해 놓은 도로에서 사진을 찍고, 도시 전체를 돌아다니곤 한다. 오릉과 첨성대가 있는 황리단길은 전국에서 모여든 사람으로 평일에도 발길이 끊기지 않는 곳이다. 이런 곳의 한옥스테이들도 서울과 마찬가지로 마당이 좁고, 아기자기한 리모델링을 했거나 신축을 한 한옥이 많다.

'경주 최부자' 집이 있는 교동에는 한옥 마을이 있는데, 여기에는 크고 작은 다양한 한옥이 있기도 하다. 또한 도심에서 조금 벗어난 삼릉이란 지역에는 '나는 SOLO'에 나오는 대형풀장이 있는 신축 2층 한옥이 하루가 다르게 계속 생기고 있다. 경주는 대한민국에서 최고로 한옥이 많은 도시이다. 하지만 지붕을 무조건 한옥으로 해야 하는 경주의 특성상 현대식 주택에 지붕만 기와가 얹혀 있는 것을 보면 뭔가 어색한 면이 있다. 양옥집, 카센터, 주유소도 지붕은 기와를 얹는 경주만의 스타일이라고 할까?

전라북도의 전주는 조선을 개국한 이성계의 어진을 모셔둔 경기전은 물론, 근대 천주교 건축물인 전동성당, 전주향교, 오목대, 풍남문, 성심여고 앞 베테랑 분식집 등 완산구 일대의 대한민국을 대표하는 명실상부한 전주 한옥마을이 있다. 20년 전 처음 가보았을 때와는 많이 바뀌었다. 기존에 있던 한옥들은 골목길 안쪽에 있

서울 북촌 한옥마을

고 큰 사거리나 목 좋은 위치에는 상업적인 2, 3층 신축 한옥들이 이 많이 들어서 있었다. 다른 도시와는 달리 한옥들이 모여 있고 마을을 잘 정비해서 전국적으로 봐도 제일 크고, 잘 정비된 것 같다.

올 5월 초에 전주에 있는 혜윰한옥을 다녀오기도 했다. 주인 내외는 서울에서 직장생활하다가 수년 전 고향인 이곳으로 내려와 집을 꾸미고 지금은 방이 5개쯤 되는 스테이를 운영하고 있다. 율시헌 리모델링 전부터 주인아주머니와 자주 연락하며 이런저런 도움도 받아서인지 이번에 처음 방문했는데도, 어색하지 않고 큰누나같이 잘해주어서 즐거운 시간을 보내고 왔다. 이런 한옥 마을에는 어림잡아도 수백 개가 넘는 스테이들이 바둑판처럼 옹기종기 모여 있고 각자의 색깔을 내며 생활하고 있는 듯했다. 한옥 마을 중간에 몇백 년이 된 고택도 몇 채 있긴 하지만 대부분 근대 한옥으로 이루어져 있다.

율시헌, 그리움을 머무름으로 다독이며

마지막으로 율시헌이 있는 경북 안동이다. 하회마을, 병산서원, 도산서원 등 사람들이 알고 있는 인지도나 기대치에 비해 막상 오면 한옥을 찾아보기 힘들다. 도심에는 태화동 혹은 구 안동군청 뒤편(지금의 웅부공원)의 옥정동 일대를 제외하면 도심에 한옥은 많이 없다. 옥정동 일대를 전주 한옥마을과 같이 조성한다는 이야기도 있었지만, 살고 있는 주민의 노령화와 주거 문제, 개발 시 발생하는 여러 문제로 제자리걸음을 하고 있다.

다른 도시와는 달리 안동은 도심이 아닌 풍천면, 풍산읍, 임동면, 서후면 등 면 단위에 역사와 전통이 살아있는 고택이 즐비하다. 내가 알고 있는 풍천면의 구담정사, 옥연정사, 임동면의 수애당 같은 고택은 규모나 건립 시기를 봐도 엄청 멋지고 아우라가 있는 한옥 아니 고택들이다. 200년에서 500년 된 고택이 안동이라는 지역에 꼭꼭 숨겨져 있다. 이런 고택은 문화재로 전부 지정되

전주 한옥마을과 전동성당

경주 황룡사 9층 목탑

윤시헌, 그리움을 머무름으로 다독이며

어 있기에 화장실 정도만 집안으로 들이고 나머지는 원형을 유지
해야기에 편리함에 익숙해진 젊은 사람들에겐 불편할 수도 있을
것이다. 하지만 진정한 의미의 한옥스테이는 이런 고택이 아닐까
생각해본다.

안동에도 한옥스테이가 유행을 타면서 여기저기 많이 생겼다.
신축보다는 기존에 방치되고 있던 도심의 마당 좁은 한옥이 대부
분 리모델링을 해서 말이다. 안동 도심에는 사실 자동차를 가지고
오는 손님은 차 1대 세우기도 어려운 것이 현실이다.

안동 임동면 수애당

안동 풍천면 구담정사

안동 풍천면 옥연정사 (서애 류성룡 선생이 징비록을 집필하신 곳)

윤시헌, 그리움을 머무름으로 다독이며

여러 숙소가 생기다 보니 율시헌도 타격을 받았다. 작년 말부터 해외여행 자율화가 되면서 여행에 목말라 있던 사람이 해외로 나간 것이 가장 큰 이유겠지만, 안동 도심의 새롭게 생긴 한옥이 늘면서 예약률이 줄어든 것도 사실이다. 최근까지 20개가 넘는 안동 도심의 근대 신상 한옥스테이들이 개업하여 영업하고 있다. 하지만 작년 코로나 때는 빈방이 없을 정도로 100%에 가까운 예약률을 기록했는데, 올해부터는 빈 객실이 많이 생긴 듯하다. 이에 따라 오픈한 지 얼마 되지도 않은 도심의 한옥스테이 몇 곳은 매물로 나오기도 한다.

종갓집 혹은 고택으로 1세대 한옥스테이를 운영하던 사람들, 나와 같이 나고 자란 집을 고쳐서 현재는 한옥스테이를 하고 나중에는 집에 들어와서 살려고 하는 사람이 아닌, 마치 아파트가 올랐을 때 팔아 시세차익을 보는 것 같아 안타까운 생각이 들기도 한다. 집의 본질적 의미를 모르는 현대인처럼.

스테이폴리오에 입점하다

　　숙박 예약을 하는 사이트는 엄청 많다. 요즘은 숙박업체에서 수수료를 아끼려고 개인이 직접 카카오 채널을 통해 예약을 받거나, 옛날 스타일로 홈페이지로 예약을 받기도 한다. 국내 여행 혹은 해외여행을 많이 다니는 사람이라면 모두가 알 만한 에어비앤비, 호텔스컴바인, 여기어때, 야놀자, 트립닷컴, 호텔스닷컴, 호텔엔조이, 익스피디아, 부킹닷컴, 아고다, 호텔패스, 온다, 인터파크투어, 네이버 그 외에도 여행사들이 운영하는 하나, 모두, 인터파크 투어 등 셀 수 없을 정도이다. 이렇듯 서로 경쟁하고 최저가로 승부하는 시대이다. 안동에 지인이 한옥 스테이를 하고 있는데 10개 사이트에서 예약을 받고 있다. 하나의 사이트에서 예약이 걸리면 나머지 9곳의 사이트를 전부 막아야 한다는 것이다. 부킹(예약) 사고의 위험성도 있어 쉬운 일이 아니라고 생각했다.

　　예전 15년 전 도토리 선물을 하던 싸이월드에서 파도를 타고 친

윤시현, 그리움을 머무름으로 다독이며

구 추가를 했던 것처럼 요즘은 인스타그램, 페이스북 등을 통해 지인이나 연관 검색어 헤쉬테그(#)를 통해 아름다운 장소, 멋진 숙소와 카페를 공유하고 찾아간다. SNS가 대세다. 한옥스테이를 오픈하고 네이버 블로그를 통해 한 달여 동안 예약을 받았다. 매번 댓글을 확인해야 했고 일일이 연락하여 모든 후속 업무를 처리하다 보니 여간 힘든 것이 아니었다.

전부터 스테이폴리오라는 예약 사이트를 알고는 있었지만, 수수료를 내면서 군이 입점할 필요성을 못 느꼈다. 하지만 예약이 점점 늘고 나름 분석해보니 인스타그램에 25만 명 이상의 팔로워가 있는 거대 조직이었다. 입점하고 싶다고 해서 입점하는 곳도 아니었다. 나름 퀄리티가 있고 시스템도 갖춰야 하며, 입점 신청을 하면 실무자가 방문하여 심사하고 입점시키는 형태였다. 모루초디자인 박 대표도 추천했기에 스테이폴리오에 연락했다. 담당자와 통화하니 숙소 내, 외관 사진 여러 장을 보내 달라고 했다. 핸드폰에 저장된 여러 사진 중 엄선하여 30여 장을 보내주었다. 3일 정도 지났을까? 중간 관리자로부터 연락이 왔다. 다음 주에 한번 방문하고 싶다고.

30대 중반 정도 느낌의 남성이었다. 마침 자기 집도 안동이고 부모님이 안동댐 부근에서 식당을 한다고 하여 다음 주에 미팅을 잡았다.

그로부터 며칠 뒤 비가 부슬부슬 오는 날 젊은 남성 한 분과 여성 한 분이 율시헌을 방문했다. 서로 명함을 교환하고 율시헌의 역사와 나의 스토리텔링, 리모델링 시 중요하게 생각했던 점, 영업 가치관 등 여러 이야기를 나눴고 그들은 내, 외관을 꼼꼼하게 살펴보았다. 2시간여 이런저런 이야기를 나누었고, 서울로 돌아가서 연락을 주겠다는 이야기와 함께 헤어졌다.

같이 집을 둘러볼 때는 정신이 없어 몰랐는데, 나중에 생각해보니 엄청 꼼꼼하게 살펴보고 간 것 같다. 아무래도 스테이폴리오에 입점을 한 숙소라면 기본 이상의 퀄리티는 물론이고 숙박객으로부터 클레임을 최소화해야 했기 때문일 것이다. 침구와 어매니티의 메이커, 전반적인 인테리어의 감각과 수준 등 요즘 젊은 사람이 중요하게 생각하는 감성을 중요시하는 것 같았다. 몇 가지 미비한 점을 보완하여 스테이폴리오에 입점하게 되었다.

그리움을 머무름으로 다독이는 공간이 되었다   4장

머무는 것만으로도 여행이 되는 그런 장소! 오래된 시골집, 창고, 근대 문화유산으로도 보기 어려운 예스러운 지역의 공간을 적극적으로 활용하여 집 전체 단위를 하루에 한 팀(한 가족)에게만 머물게 하는 프라이빗 렌탈하우스 장르를 추구하는 것 같았다. 특히 코로나19로 여러 개의 방이 있는 대형 숙소보다 아기자기한 멋이 있고 가족 단위로 와서 조용히 힐링할 수 있는 그런 공간이 트렌드가 되었다. 또한 스테이폴리오 사이트 혹은 앱에서는 고택과 한옥은 물론 호텔, 민박, 리조트, 캠핑 & 아웃도어 등 집의 형태로도 검색을 할 수 있고, 안동, 경주, 전주, 서울 등의 지역명으로도 검색할 수 있다. 우리의 삶은 예전과 다르게 양보다는 질이 중요해졌다.

많이 먹는 것이 중요한 게 아니라 맛과 분위기를 중요시하듯 말이다. MZ세대뿐만 아니라 나와 동년배인 40대는 물론이고 그 이상의 세대까지도 아우르고 있는 그런 숙소가 인기를 끄는 것 같다.

최근에는 스테이폴리오는 물론 고급 스테이만 모아놓은 사이트가 몇 곳 생기는 것 같다. 지속해서 서로 경쟁할 것이고, 율시헌 또한 안동의 다른 숙소와 경쟁하고 있다. 누가 이기고 지는 경쟁이 아닌, 외지 사람이 관광 도시, 양반 도시 안동을 찾아와 편히 쉬었다 가고 좋은 추억으로 남을 수 있도록 각자가 노력했으면 좋겠다.

각자의 컨셉으로….

율시헌, 그리움을 머무름으로 다독이며

관리의 중요성과 피드백

회사에서 품질관리 업무를 20년 가까이 하고 있다. 자동차 회사의 품질관리는 다양한 파트가 있다. 조금씩의 차이가 있을 뿐 공통의 목적은 한 가지이다. 높고 낮음의 산포가 없이 평균값과 같은 값이 지속해서 나오게 제품을 생산할 수 있게 관리하는 것이다.

또한 불량이 한 번 나온다고 하더라도 발생 인자와 유출 인자를 찾아 재발생이 안 되게 하는 업무이다. 이왕이면 적은 비용으로, 예전 신입사원 때 어떤 분에게 심하게 당했던 기억이 있다. 지금 생각하면 모두 맞는 말이다. 나 또한 그분의 영향이었을까? 그분과 똑같은 마인드로 지금 일하고 있다. 그분과 이야기할 때는 절대 이런 말을 쓰면 안 된다.

첫째. 그런 걸로(했던 걸로) 알고 있는데요.

둘째. 내가 생각하기엔…. 혹은 내가 알기로는….

셋째. (하다 보면) 그럴 수도 있지요.

넷째. 그런 것 같은데요.

위의 말은 청문회나 국정감사에서 정치인도 자주 쓰고, 일반인은 아주 자연스럽게 사용한다. 하지만 잘 보면 내가 잘 모르고 있거나 남에게 주워들은 이야기 혹은 자기 실수를 인정하지 않고 변명할 때 주로 쓰는 말이다. 자기의 말에 100%의 확신이 없을 때 사용한다. 품질관리를 하는 사람은 정확한 근거와 데이터로 이야기해야 한다. 귀에 딱지가 앉을 만큼 듣고 또 들었다. 그런 생활이 지속되어 어떤 사람이 위와 같은 말을 할 때는 그 순간에는 "네네" 한 후 나중에 그 말이 맞는지 꼭 확인하는 버릇이 생겼다. 좋게 말하면 꼼꼼한 거고, 나쁘게 말하면 깐깐한 거다. 그래도 살아가며 사기 안 당하고 상대방 기분 안 나쁘게 하면서 살고 있다.

사람은 누구나 실수하기 마련이다. 실수 자체가 나쁜 것이 아니라 똑같은 실수를 계속하는 것이 문제이다. 율시헌이라는 숙박업을 하면서 부킹(예약)사고 혹은 다른 문제가 지속해서 발생하는 것은 관리 시스템의 문제이며, 사람의 문제이기도 하다. 이런 문제를 사전에 방지하는 것이 제일 중요하다. 청소할 때도 동선과 효율성을 감안해야 하며, 체크 리스트도 작성해야 한다. 한번 문제가 발생한 사항은 여러 번 더 확인한다. 또한 발생한 문제점을 관리인에게 보여주고 본인이 자각할 수 있게 해야 한다. 잘한 사람은 상을 주고, 못한 사람은 벌을 준다는 말이 있다. 채찍과 당근이 필요하다. 그렇다고 내가 율시헌을 관리하는 수남이 누나에게 갑질

율시헌, 그리움을 머무름으로 다독이며

하고 심하게 하지는 않는다. (혹여 오해할까 봐) 서로 문제점을 공
유하고 개선점을 찾고 부족한 점에 대해서는 의견을 나눈다. 그리
고 또다시 피드백하면서 완벽에 가깝게 하려고 항상 노력 중이다.

　서면 앉고 싶고, 앉으면 눕고 싶고, 누우면 자고 싶은 것이 사람
이다. 익숙함과 편안함이 항상 문제를 일으킨다. 그렇다고 어색함
과 불편함을 계속 가져갈 수는 없다. 처음 가졌던 초심을 잃지 말
고 매뉴얼 대로 하면 문제가 없을 거로 생각한다.

　이번 2023년 새만금 세계 스카우트 잼버리의 부실한 운영 문제

를 보면서 많은 것을 느꼈다. 서로 책임 떠넘기기에 급급한 모습을 보면서 이번 일이 빨리 마무리되었으면 한다. 서로 싸우는 꼴을 보기가 싫어서다. 스카우트 연맹, 전북도, 여성가족부 그리고 여당과 야당에게 책 한 권을 소개해 주고 싶다.

　임진왜란을 겪은 후 "뼈아픈 역사를 절대 잊지 말고 철저한 준비를 하여 두 번 다시는 당하지 말자" 하며 낙향 후 안동 옥연정사에서 징비록(懲毖錄)을 쓴 서애 류성룡 선생이 생각난다. 징비록은 조선 선조 때 집필한 또 하나의 임진왜란 전란사로, 7년에 걸친 전

윤시현, 그리움을 머무름으로 다독이며

란의 전황을 기록하면서 그러한 비극을 피할 수 없었던 조선의 문제점을 낱낱이 파헤친 통한의 기록이다.

그런 면에서 이 책은 반면교사로 의미가 있다. 인간은 방심하고 그런 방심의 틈으로 또 실수가 파고든다. 어찌 보면 실수는 인간의 불완전한 속성이라고 할 수 있다. 이성적이기보다 감정적이기에 말이다.

임진왜란이 1592년에 일어나고, 1636년에 병자호란을 당한 것을 보면 실패에서 배우지 못한 결과란 생각이 든다. 실패에서 배워 다시 같은 실패를 반복하지 않게 하는 방법이 관리다.

한옥스테이에서 생긴 일

5장

수남이 누나와의 인연

한옥체험업 허가와 사업자등록을 하기 전부터 고민거리가 있었다. 율시헌을 한옥스테이로 운영하는 데 가장 중요한 집의 관리와 방문하는 손님의 대응이었다. 한 층에 방이 5개 이상 4층 정도되는 20개 넘는 방을 운영하는 모텔이 있다고 예를 들어보자. 입퇴실 시간이 천차만별일 것이고 돌발상황이나 손님이 나간 후 다시 손님을 받을 수 있는 수준으로 만드는 준비가 필요하다. 한마디로 청소와 관리해 줄 사람이 필요했다. 아내가 율시헌에 살면 인건비도 절약되고 모든 문제가 해결되겠지만, 상황은 그러지 못했다. 나는 울산에 살고 아내와 아이들은 안동에 살며 주말부부를 하기에는 힘든 상황이었다. 율시헌에서 직선거리로 30m. 걸어서 20초거리의 수남이 누나가 살고 있는 집이 있다. 아주 예전에 샛길이 있어 이용했지만, 지금은 나무와 풀이 자라 밭이 되어 버려 큰길로 걸어가면 2분 정도 걸린다. 아무튼 가까운 거리에 누나가 살고 있다.

율시헌, 그리움을 머무름으로 다독이며

공사가 한창 진행되던 2021년 봄. 수남이 누나는 내가 집을 수리하는 것에 관심을 두고 하루에도 몇 번씩 왔다 갔다 하였다. 동네에 몇 채 안 남은 한옥이라 내부 구조를 어떻게 하는지? 또한 내가 귀농하여 살려고 하는지? 하루하루가 다르게 변하는 집이 신기했을 것이다. 더욱이 주방이나 거실, 인테리어에 관심이 많았다.

누나는 환갑쯤 되는 나이이다. 율시헌을 방치한 세월이 16년, 누나는 나와 16년 차이다. 예전 6남매, 7남매 시절이면 업어서 키운 큰누나뻘이다. 내가 초등학교에 다닐 즈음 누나는 시집을 간 기억이 어렴풋이 난다. 부모님 손을 잡고 누나 결혼식에 가서 밥도 먹고 했다. 전역했을 무렵에는 안동 성소병원 옆에서 김밥집을 해서 몇 번 먹으러 간 기억도 있다. 그렇게 세월이 흘러 시내에서 살다가 몇 년 전 남편과 함께 고향으로 와서 100세가 넘는 친정 부모님과 함께 살고 있다. 6남매 중 막내딸인데 부모님을 모시고 살고 있는 것이다.

동네를 지키고 살던 어른도 이제는 네 분밖에 안 계신다. 나의 부모님을 비롯하여 모두 고령이 되어 하늘나라로 가시고, 그분들의 자식들이 대도시에 살다가 지금은 율시헌이 있는 고향 동네에 와서 살기도 한다. 그분들의 자식들도 60대 혹은 70대가 되었다. 젊은 사람의 대도시로의 이동과 시골의 노령화와 빈집은 율시헌이 있는 동네도 마찬가지이다. 이런 상황에서 40대의 내가 시골집을 수리한다고 하니 동네 어른들이 엄청나게 좋아했다. 폐가로 방치되어 보기에도 안 좋고 귀신이 나올까 봐 겁도 났다고들 했다.

수남이 누나에게 조심스럽게 이야기를 꺼냈다.

"한옥스테이를 하려고 하는데 관리를 해줄 수 있어요?"

마치 기다리고 있었던 것처럼 자기가 해보겠다고 했다. 누나 집에서 그날 남편과 함께 술 한잔하면서 이야기했고 자세한 조건은 다음에 내가 준비해 오기로 했다. 이렇게 믿고 맡길 수 있는 관리인은 동네 누나로 정해졌다. 이런저런 가게를 많이 하셔서 마인드도 좋고, 싹싹한 성격에 얼굴까지 이뻤다. 경상북도 대회는 물론전국 단위의 골프대회에서 1등을 싹쓸이하고 있을 정도의 골프 애호가이기도 했다. 프로는 아니지만, 아마추어 대회에서는 이길 자가 없을 정도로 실력이 출중하고, 최근에는 골프 메이커 모델로 선정되어 카메라 앞에 섰다고 자랑도 한다. 남편도 수준급이어서 부부끼리 자주 필드에 나가 운동을 즐기고 사는 멋진 시골 아줌마다. 얼마 전부터 나에게 "권 사장! 니도 배워 같이 치러 가자!" 해서 지난달부터 집사람과 함께 퇴근 후 똑딱이 연습을 하고 있는데 생각처럼 쉽지 않다. 내년 봄 누나 내외와 우리 내외 4명은 같이 필드에 나가자고 약속했다.

율시헌을 2021년 10월에 오픈하여 지금까지 2년이 조금 안 되는 기간이지만, 손님이 오면 엄마처럼 잘 대응해주고, 자기 일처럼 적극적으로 해주고 있기에 주인인 내가 편하다. 오징어 게임이 유행하던 때에는 달고나 세트를 준비하여 손님들에게 해보라고 세

　　율시헌, 그리움을 머무름으로 다독이며

팅도 해주었다.

　딱 한 번 있었던 일인데 보일러 고장으로 추운 겨울 손님의 불만이 있을 때 이야기이다. 뜨거운 물을 끓여 보일러를 녹이고 곤란한 상황을 손수 해결했다. 그처럼 한 번씩 발생하는 돌발상황에도 주인처럼 잘 대응해주었다. 또한 4계절마다 화단과 텃밭에 꽃과 야채를 심어 물도 주고 잘 가꾸기도 한다.

　일면식도 없는 모르는 관리인이 손님이 체크아웃한 후 청소만 한다면, 과연 이처럼 관리가 될 수 있을까? 사람의 인연은 중요한 것 같다. 특히 같은 동네에서 자라고 내가 아기였을 때부터 알고 지낸 그런 소중한 인연. 친형제보다 더 자주 연락하고 챙기고 부담없이 이야기할 수 있는 수남이 누나!

　"앞으로도 잘해보시더! 알았니껴?"

보일러가 얼어 환불을 해주다

　안동은 경북 북부지방에 위치하여 여름에는 대구만큼 덥고 겨울에는 강원도만큼이나 추운 곳이다. 연 평균 온도가 가장 낮은 동네가 강원도가 아닌 경북이라는 이야기도 있다. 겨울이면 소한과 대한 사이에 율시헌 앞 강에서는 매년 얼음과 눈축제가 열리기도 하는 엘사가 사는 '겨울 왕국'이 되기도 한다.

　2021년 10월 첫 손님이 방문하고 얼마 후 마당의 밤나무와 감나무의 나뭇잎이 다 떨어진 채 가지만 앙상하게 남게 된 그해 11월 27일 토요일이었다. 젊은 여성 다섯 명이 곧 결혼을 앞둔 친구를 위해 우정 여행을 준비하고 예약했다. 집 안에 있는 모든 것이 새것이었고 보일러 역시도 새 제품이었다. 날씨 또한 한겨울은 아니었지만 밤늦은 시간이나 새벽녘에는 보일러를 켜고 자야 하는 기온이었다. 보온재가 좋아졌고, 샤시 또한 방한이 잘되기에 한겨울에도 큰 문제는 없었다. 예전 나의 어린 시절 율시헌은 나무를 이용해 난방

하던 터라 바닥이 철철 끓고 입에는 김이 나는 그런 곳이었지만.

그런데 그날, 문제없던 보일러가 갑자기 작동이 안 되고 밤 9시에 꺼졌다. 수남이 누나가 긴급출동하여 전기코드를 뺐다 다시 꽂았다 몇 번을 해보았지만, 소용이 없었고 사용설명서에 나와 있는 대로 해도 전혀 작동하지 않았다. 서산에서 3시간이나 되는 거리를 내가 바로 갈 수도 없고, 출발한다고 하더라도 자정은 되어야 도착하는 상황이라 발만 동동 구르며 누나만 재촉했다. 이웃 동네에 보일러를 잘 만지시는 분이 계셔서 연락했더니, 약주를 드셔서 올 수도 없는 최악의 상황이었다. 보일러 메이커 고객센터에 전화하여 상담원이 알려주는 대로 해보았지만, 전혀 작동하질 않았다.

손님들은 방에서 떨고 있었고, 어쩔 줄을 몰라 하고 있었다. 누나는 손님들에게 "자기 집에 방이 하나 있는데 가면 안 되냐"고 했지만 밤새 수다를 떨고 추억 쌓기를 원했던 손님들은 괜찮다고 하며 사양했다, 천재지변은 아니었지만, 기계 고장으로 불편을 준 손님에게는 미안했다. 그런데 갑자기 손님들이 환불을 해달라고 하며, 일행 중 한 명이 대구에 사는데 거기로 간다는 것이었다. 추운데 집에서 벌벌 떨 수는 없었고 가시는 손님을 더더욱 잡을 수는 없었다. 환불 이야기는 다음 날 다시 하기로 했다. 다음 날 보일러 수리공이 왔고, 가스가 지나가는 배관이 순간적으로 막혀서 그렇다고 했다. 또다시 이런 일이 생길 것을 대비하여 누나는 조치 방법을 꼼꼼하게 익혀 두었다.

다음날 점심시간 무렵 어젯밤 간 손님에게 전화가 걸려왔다.

"여보세요"

우정 여행을 망쳐 조금은 화가 나 있는 다소 격양된 목소리로 말했다.

"정리하시죠!"

순간 무슨 이야기를 어떻게 시작해야 할지 나는 고민했다. 우선 갑작스러운 보일러 고장으로 여행을 망치게 해서 죄송하다고 이야기했다.

"어떤 식으로 보상을 해드릴까요? 다음에 원하시는 날짜가 있으면 1박을 제공하겠습니다."

"다시 올 일은 없을 것 같고, 100% 환불을 해주세요. 버린 시간은 율시헌을 선택한 우리 책임이 있으니 됐습니다. 하지만 일행 다섯 명이 전국 각지에서 자차와 대중교통을 타고 왔으니 경비는 주셔야 합니다."

순간 멍했다. 최소한의 도리인 숙박비 100% 환불은 물론 기름값까지 줘야 하나? 이런 일을 처음 당해보고 경험이 없던 나는 고민을 해보고 다시 연락을 드리겠다고 하고 전화를 끊었다.

아내에게 "우짤까? 니 생각은 어뜬노?" 물었다.

갑작스러운 질문에 집사람도 뾰족한 방법이 없는 듯 고민하는 표정을 지으며, 고민에 빠졌다. 개업한 지 얼마 안 된 시점이었

고 그럴 일은 없겠지만 율시헌
을 비난하거나 이미지에 타격
을 주면 어떡하지? 내심 걱정
도 되었다.

　　앞으로 이런 일이 또 발생
할까 봐 걱정도 되었지만, 당
장 이번 문제부터 해결이 필요
했다. 그날 저녁에 손님에게
전화했다.

　"숙박비 100%는 전부 돌려
주겠습니다. 그러나 요구하신 경비 전부는 너무 많은 금액이니 도
의적으로 절반 정도는 보상해주
겠습니다"

　　했더니 한참을 망설이다가 그
렇게 하겠다고 했고, 율시헌의 첫
번째 사건·사고는 그렇게 정리되
었다.

'늦가을인데 왜 벌써 보일러 문제가 생기지? 불량품인가? 아니면 진짜 추워서 그런가? 소한과 대한이 있는 한겨울에 하루가 멀다고 보일러 문제가 생기면 어떡하지? 가스보일러라서 그런가?' 머릿속이 복잡했다. 누나에게 신신당부하고 겨울철에는 주기적인 관리를 받기로 했다. 도심에는 도시가스가 지하 배관으로 공급되기에 연료비도 저렴하고, 문제가 생겨도 24시간 즉각 대응이 가능하지만 시골에 있는 한옥스테이들은 'OO가스'라고 적힌 1t 포터가 가가호호 방문하여 일일이 교체한다. 작년 기준 20킬로 가스 한 통이 5만 원이 훌쩍 넘었다. 10만 원을 주고 2통을 넣으면 3일을 넘기기가 힘들다. 쉽게 말해 하루에 난방비가 3~4만 원 드는 셈이다.

또한 늦은 시간이나 새벽에 고장이 나면 나와 같이 곤란한 상황을 맞이할 수도 있다.

그 후 지금까지 더 추운 날이 수없이 많이 있었지만, 단 한 건의 보일러 문제는 없었다. 그때 그 손님의 머릿속에는 안동과 율시헌. 기억 속에서 잊혔을까? 아니면 아직도 다섯 명의 친구들이 모이면 그날의 추억을 안주 삼아 이야기할까?

윤시헌, 그리움을 머무름으로 다독이며

율시헌을 찾아온 첫 외국인

　　2021년 10월 27일 전화로 예약을 받았다. 바로 다음 날인데 가능한지 물어왔다. 마침 평일이었고 예약이 없다고 하자 바로 예약했다. 10월 28일 손님은 늦은 밤 율시헌을 찾아왔다. 주차장에 밴을 주차하고 저마다 캐리어를 들고 들어왔다. 중년의 미국 부부와 젊은 미국 여성, 그리고 한국인 남성이었다. 국제결혼한 부부이고, 장인 장모와 함께 온 듯했다. 율시헌에 온 첫 외국인이었다. 젊은 한국인 남자에게 나의 핸드폰 번호를 알려주었다. 불편한 점이 있으면 부담 없이 연락하라고 말이다. 이들은 배가 고팠는지 포장해온 안동찜닭을 마당에 있는 테이블 위에 놓고 앉아 먹을 준비를 했다. 잎이 다 떨어진 감나무 덕에 밤하늘 별구경은 더 수월해 보였다. 그날따라 지구 반대편에서 온 중년 부부를 위해 별은 더 빛났고, 반달은 감나무 가지 사이에 끼어있는 듯했다. 푹 쉬라는 인사를 건네고 나는 누나네 집으로 갔다.

　　그 후에도 미국, 캐나다, 이탈리아, 노르웨이, 일본 등에서 외국인 손님이 왔다. 외국인이 바라보는 한옥은 어떨까? 생각해보았다. 친한 한옥 주인이 언제가 이런 이야기를 했다. "외국인은 한옥도 신기해하지만, 최고로 놀라운 건축물은 궁궐과 절이다"라고.

궁궐과 절은 한옥과 비슷한 형태지만 웅장한 크기와 알록달록 단청이 예쁘게 칠해있어서 그렇다고 했다. 그림 그리기를 좋아하는 둘째는 단청이 있는 건물을 처음 보고 단청 그리는 장인이 된다고 말하기도 했다. 아무튼 그들의 눈에는 한옥이 정말 신기할 것만 같았다. 처마 끝 선이 들려있고 서까래와 부연, 대들보와 창호지가 발려진 문, 집을 이루고 있는 형태와 재료가 자연 친화적인 느낌일 것이다. 고택과는 다르게 율시헌의 실내는 현대적 감성의 인테리어가 있기에 퓨전 한옥으로 느꼈을 것이다.

첫 외국인 손님이기도 했지만, 며칠 후 유튜브에 영상을 올린 것을 보고 그들이 율시헌에 와서 어떻게 보냈는지 자세하게 알 수 있었다. 그들의 이야기를 적어보았다. 집안에 들어와서 이국적인 느낌에 연신 "원더풀! 원더풀!"하면서 감탄했다. 도착한 밤 마당 테이블에서 햇반과 함께 안동찜닭을 맛있게 먹는 영상이 있었다.

진짜 맛있었는지? 아니면 허기가 반찬이라 맛있었는지? 아무튼 진짜 맛있게 먹는 모습이었다. 지금은 화재의 위험성과 지자체에서 산불을 엄격하게 제한하여 못하지만, 그 당시 솥뚜껑에 삼겹살을 구워 바비큐를 하는 영상도 있기에 엄청 먹음직스러워 보였다.

다음 날 이른 아침 중년 남자는 차가운 공기를 마시며 동네 한

율시헌, 그리움을 머무름으로 다독이며

바퀴를 산책했다. 산과 바위 강이 어우러져 있는 시골의 조용한 기분이라도 느끼려 한 걸까? 코가 빨갛게 될 만큼 제법 쌀쌀한 날씨였다.

외국인 장인·장모와 함께 한국의 작은 시골 동네에 여행을 온 가족의 모습이 매우 좋아 보였다. 유튜브에 KOMERICAN이란 이름으로 검색했더니 수많은 영상이 있는 구독자 16만 명이 넘는 유튜버였다. 수많은 영상 중 "미국인 장인·장모님의 한옥 체험기" 란 영상이 율시헌에서 숙박하고 청송 주산지를 여행하는 영상이 담겨 있다. 젊은 부부의 알콩달콩 살아가는 일상을 재미있게 올린 영상이 많이 있었다. 구독과 좋아요 버튼을 눌러 요즘도 영상이 업로드되면 보곤한다. 젊은 부부의 앞날에 축복이 있길 바라며, 2세가 태어나면 다시 한번 들러 주었으면 하는 바람이다.

나 또한 내년 구정 전에 장인·장모님을 모시고 우리 가족과 함께 여행을 가려고 준비 중이다. 3대가 함께 떠나는 가까운 나라로의 해외여행, 낯선 곳으로 떠나는 여행은 참 좋은 것 같다. 가기 전에 설렘은 물론 영원히 기억될 추억의 앨범을 채워나가는 것은 멋진 일이다. 아들들도 나중에 커서 어릴 적 함께 했던 이야깃거리가 될 수도 있고, 세상을 보는 시야가 넓어지길 바라는 면도 있다. 아무 계획 없이 떠나는 여행도 있지만, 나는 완벽에 가까울 정도로 여행 계획을 짠다. 시간대별 이동 코스를 계획하고 현지 상황, 날씨 등 만약의 경우를 대비하여 차선책도 2~3개 준비한다. 같이 가는

사람은 피곤할 수 있지
만, 준비를 철저히 해야
시간을 아낄 수 있으며
아는 만큼 보이기에 알
찬 여행이 될 수 있다.

　다람쥐 쳇바퀴 돌듯
한 바쁜 일상에서 벗어
나 자주 여행을 가려고
한다.

　비용과 시간이 들겠지만, 그 이상의 배움과 경험이란 보상을 받
을 수 있다.

한옥 실내도 진짜 좋아. 현대식이야
It's so nice inside too, it's like modern hanok

Korean Husband - American Wife

예쁘다, 내 꿈의 집이야
oh it's so pretty, this is my dream

한옥 실내도 진짜 좋아. 현대식이야
It's so nice inside too, it's like modern hanok

경찰관의 갑작스러운 방문

공사가 마무리된 2021년 8월 어느 날. 오픈을 준비하는 단계였고, 우리 가족은 율시헌에서 일주일이 넘는 여름휴가를 보내고 있었는데, 한여름의 뜨거운 햇살은 맥반석 오징어가 익을 정도로 마당의 자갈을 데우고 있었다. 오후 4시가 넘어야 마당에는 큰 감나무의 그늘이 생긴다. 두 아들은 호스를 연결하여 물을 뿌리고 놀았다. 그 덕에 마당의 자갈들도 더위를 이기는 듯했다.

그런데 갑자기 경찰 순찰차 1대가 마당으로 들어섰다. 갑자기 경찰차가 들어오니 놀라서 의아한 표정으로 어떻게 오셨냐고 물었다. 순찰차에서 내린 두 명은 일직파출소에서 근무하는 경찰이었다.

"주변 순찰을 하다가 집이 너무 예뻐 들어왔습니다"라고 했다.

냉장고에서 캔 커피 두 개를 꺼내 드시라고 했더니 웃는 얼굴로 받았다. 그러고는 그늘이 생긴 마당에서 함께 집에 관해서 이야기를 나눴다.

"집이 크지는 않지만, 그 당시에는 잘 지은 집이다! 또한 마당이 넓고 큰 나무들이 있어 운치가 있네요."

하며 집 전체를 둘러보았다.

다른 경찰관 한 사람은

"나도 시골집이 있는데 이 정도로 꾸미려고 하면 얼마 정도 비용이 듭니까?"

묻기도 했다.

이 집의 역사와 리모델링 과정 그리고 비용 등을 자세하게 이야기했더니 "아이고 경찰 월급으로는 꿈도 못 꾸겠네요."라며 너스레를 떨었다.

정년이 얼마 안 남았는데 시골집을 수리해서 살아야 할지? 아니면 팔아버려야 할지? 고민이 된다고 했다. 이런저런 이야기는 계속되었다. 집수리에 대해 물어볼 곳이 없었는데 마침 율시헌을 보고 궁금해서 온 것 같았다. 집안을 구경해도 되냐고 해서 흔쾌히 허락하고 같이 들어갔다. 가정용이 아닌 영업용으로 세팅이 되어 있어서인지 경찰관들은

"기가 막힙니다"하면서 둘러보았다.

헤어질 때 농담 식으로

"한 번씩 율시헌 순찰하여 주십시오!"

하며 인사를 나눴고 순찰차는 율시헌을 떠났다.

예전처럼 고향에서 농사를 지으며 살던 때가 있었다. 대부분의 사람은 산업화 이후 고향을 떠나 대도시에서 직장 생활을 하고 있다. 농사를 평생 지으신 어느 부모님은 농사를 대물림시키지 않으려고 자식은 공부를 시켜 외지로 보내기도 했다. 어느덧 정년퇴임을 앞둔 세대들도 선택을 해야 하는 시점이 온 듯하다. 율시헌을 찾아온 경찰관처럼 말이다. 이런 점에서 볼 때 나는 15년 뒤 정년

퇴임 이후의 살 집을 미리 준비한 듯하기도 하다. 고향인 안동으로 돌아와서 살지는 모르겠지만···. 앞으로 정년퇴임 전까지는 한옥 스테이를 잘 운영하면서 수익을 낼 것이다.

　시골에 있는 본인의 집을 수리하는 생각은 누구나 한 번쯤은 해 보았을 것이다. 부모님이 아직 낡은 시골집에 살아계시면 좀 더 편하게 살 수 있도록 부분적으로 리모델링을 할 거고, 아니면 허물고 다시 짓는 경우도 있을 것이다. 대다수 사람은 부모님이 돌아가시고 수년간 풀이 자라도록 집을 내버려 둔다. 팔라고 하는 사람이 있어도 팔기는 싫고, 관리도 안 하고 말이다. 그런 사람의 심정이 충분히 이해는 간다. 팔아봐야 얼마 안 되는 돈일 거고, 나고 자란 집에 대한 추억을 버리는 것 같은 이상한 기분이 들 것이다. 그래서 더더욱 방치하는 게 아닐까.

물론 집이 있는 위치나 형태, 규모에 따라 제각각이긴 하다. 도심과 도로가 가깝고 전원주택단지와 같은 동네, 또한 주변의 자연환경 등과 관련이 있을 것이다. 이런 점에서 볼 때 나의 시골집을 율시헌으로 바꾸어 놓은 것은 잘한 선택이다.

물건이든 집이든 사람의 손길이 닿고 입김을 불어 넣어줘야 그 생명력은 오래간다. 매일 쓸고 닦으며 내 몸같이 관리하면 수백 년이 지나도 처음의 상태를 유지할 수 있다. 50년이 지난 자동차도 좋은 주인을 만나면 아직도 도로를 굴러가고 있는 것처럼.

한번 짓고 관리만 잘하면 천년을 간다는 한옥.
나의 아들들이 수십 년 후 내가 없어도 계속 관리하고 지켰으면 하는 소망을 가져본다.

혼자 온 아가씨 손님

2023년 6월 어느 날.

밤과 낮이 서로 교차하는 어스름하고 땅거미가 내려앉을 즈음, 젊은 아가씨 손님 한 명이 짐도 없이 택시를 타고 율시헌을 찾아왔다.

체크인을 하고 방으로 들어간 후 인기척이 전혀 느껴지지 않고 조용했다. 다른 손님은 방을 나와 산책을 한다든지 하는데 그런 기색이 전혀 없었다. 핸드폰으로 외부 CCTV를 통해 율시헌을 봤는데 집에 들어간 지 한참이 지났는데도 불이 꺼져 있었다. 그리고 또 몇 시간이 지나 밤 10시쯤 다시 한번 CCTV를 보니 그대로였다. '설마?, 설마. 아니겠지?' 하다가도 '진짜로? 혹시?' 내 머릿속에는 이상한 생각이 꼬리에 꼬리를 물고 이어져 불안해지기 시작했다.

밤 11시가 다 되어갈 때쯤 율시헌을 관리하는 수남이 누나에게 전화하여

"몇 시간 전에 아가씨 손님이 혼자 왔는데 집에 불도 꺼져 있고 밖에 나오지도 않으니 한번 가보소!"

"야야 무섭게 왜 그러노? 니가 전화 한번 해봐라!"

누나도 나와 똑같은 생각을 하는 것 같았다.

"전화를 10번 해도 안 받아 누나한테 전화한 겁니더."

"야, 진짜 무섭다!"

라고 하는 게 아닌가!

누나에게 빨리 가보라고 재촉했더니, 경찰을 불러 같이 가겠다고 했다. 그만큼 무서웠던 모양이다. 대학교 MT때 폐가에 들어가는 체험보다 더 무서웠던 것 같다. 누나는 혼자 가기 무서웠는지 30m 정도 떨어진 자기 집에서 나와 남편과 함께 율시헌으로 갔다. 그리고는 밖에서

"계세요? 계세요?"

여러 번 불러도 대답이 없자 다시 나한테 전화를 걸어

"야~! 진짜 경찰 부르자."

하는 게 아닌가.

손님의 프라이버시도 있고, 1박을 제공한 주인으로서도 함부로 방으로 들어갈 수도 없던 터라 난감한 상황이었다.

한참을 망설인 누나는 노크하고 문을 열고 들어갔다. 거실과 주방 그리고 큰방은 깜깜했고 작은방 문이 살짝 열려 있었는데 그 틈

율시헌, 그리움을 머무름으로 다독이며

으로 불빛이 새어 나왔다. 누나는 심호흡을 한번 크게 하고 문을 열었더니 아가씨는 귀에 이어폰을 꽂은 채 눈은 핸드폰을 보면서 음악을 듣고 있는 게 아닌가? 문을 갑자기 열고 들어가서인지 아가씨도 조금 놀란 표정을 하고 있었다고 한다. 서로 어색했지만, 엄마뻘 되는 사이라 자초지종을 얘기했고 손님도

"아, 그러셨어요?"

하면서 서로 웃었다.

"저녁은 먹었어요?"

"간단하게 빵 먹었어요!"

"배고프면 우리 집에 가서 라면이라도 끓여드릴까요?"

"괜찮아요."

"그럼 푹 쉬세요."

하고 누나는 자기 집으로 돌아왔다고 한다.

요즘 매스컴을 통해서 모텔에 투숙한 손님이 안 좋은 일을 결정하는 일이 종종 생기는 걸 볼 수 있다. 또한, 길거리에서 일면식도 없는 사람을 무차별 폭행하고, 데이트 폭력, 묻지마 폭행, 서현역 칼부림 사건, 날아 차기 등의 사건이 발생하는 것도 보게 된다. 왜 이런 일들이 생길까? 나도 이런 일을 당할 수도 있겠다 하는 생각이 들었다. 사회가 너무 삭막해진 것 같다.

고등학교 혹은 대학, 사회 친구 등 여러 명이 함께 여행하러 와서 사진도 찍고 맛있는 음식도 먹고 숙소에서 밤새 수다를 떨며 스

트레스도 풀고 힐링하는 사람도 있지만, 혼자 오는 사람도 가끔 있다. 혼자 온 아가씨처럼 다른 사람 눈치 볼 필요도 없고, 책 한 권만 챙겨와서 툇마루에서 1박 2일간 새소리를 친구삼아 살살 불어오는 바람을 맞으며 자기만의 시간을 갖고 싶어 찾아온 것이다.

나 또한 처자식으로부터 며칠간은 해방되어 국내든, 해외든 배낭을 메고 처음 가는 곳으로 떠나서 낯선 사람과 이런저런 얘기도 하며 나만의 재충전 시간을 가지고 싶다고 생각하곤 한다. 해프닝으로 끝난 일이지만, 많은 생각을 하게 했다.

현대인은 무엇을 위해 어디로
가는지도 모르고 바쁘게 살아간다.
하지만 쉼 없이 살아가다 보면
어딘가는 탈이 나기 마련이다.
몸이든 정신이든.
삶이라는 것은 운전하는 것과 같다.
쉼 없이 운전하다 보면 사람뿐만 아니라
자동차도 고장이 난다.
그래서 고속도로에는 휴게소가 있는 것이다.
삶이라는 운전대를 잡은 그대,
너무 앞만 보고 가지 말고
천천히 주변의 산과 강과 가로수도 보면서 운전하자.
그러면 운전이 즐거워진다.

윤시현, 그리움을 머무름으로 다독이며

한 번뿐인 인생 즐겁게 살아가야 하지 않겠는가?
그러려면 쉼을 가지면서 운전하자.
문장에도 쉼표가 있고 노래에도 숨표가 있지 않은가?
율시헌은 그런 쉼의 공간이다.

이것은 독자에게 하는 말이기도 하지만, 무엇보다 나에게 하는
말이기도 하다.

.

코로나 특수와 현재 상황

　　잠시 그러다 그치겠지 싶었던 코로나19 팬더믹으로 인해 우리 삶에는 적지 않은 변화가 일어났다. 주거의 개념이 조금씩 변화되면서 단독주택, 시골 주택에 대한 갈망이 커지는 추세이며 5도 2촌(5일은 도시에서 2일은 농촌에서)이라는 유행어까지 생겼다. 유명 연예인이 시골집을 리모델링하여 살아가는 모습을 방영하는 프로그램은 물론 최근에는 8, 90년대 국민 드라마인 전원일기의 출연자들이 나오는 '회장님네 사람들' 같은 시골 냄새가 물씬 풍기는 프로그램이 방송되고 있다. 그 누군가에겐 옛날의 향수를, 젊은 사람에게는 체험해보고 싶다는 기대를 자극하리라.

　　코로나19로 인해 일본, 대만, 동남아 등 비행기를 타고 가야 하는 해외여행을 못 하게 되었고, 그런 사람에게 선택은 단 하나 '국내 여행'밖에 없었다. 또한 여러 사람이 몰리지 않고 가족만의 독립적인 공간의 독채 숙소.

　　윤시현, 그리움을 머무름으로 다독이며

3명 이상 5명 정도까지 수용할 수 있는 그런 공간.

　시기가 좋았던 걸까? 2021년 가을에 오픈하여 작년(22년) 12월까지 15개월 동안은 월평균 23박이라는 괜찮은 예약률을 유지했다. 작년 8월은 30박이 예약되기도 했다. 방문한 손님을 분석해 보면 2~30대 친구들(1위), 초등학생 미만의 아이가 있는 3~40대(2위), 연인 사이(3위), 부모님을 모시고 온 젊은 사람(4위) 순이다.

　요즘에는 괜찮은 숙소만 모아놓은 사이트도 있는데, 100% 예약하고 선결재해야 숙소를 예약할 수 있다. 또한 가격이 좀 비싸더라도 친구들끼리 1/n하기 때문에 큰 부담이 되지 않는 것 같기도 하다. 더더욱 요즘은 사진을 잘 찍어 SNS에 올리기도 하고 가격보단 감성(갬성)을 중요시하는 것 같다.

　40대 중반 남자인 나의 젊은 시절에는 어땠는가? 1998년 21살 여름방학 무렵 친구 한 명이 입대를 앞두고 우리 친구들은 부산으로 여행을 갔다. 마침 부산교대에 다니고 있던 종규라는 친구가 있어서

　"야! 어디 좋은 곳 없냐?"

　물었더니

　"마! 오기만 온나! 자슥들아!"

　하길래 우리는 각자 10만 원 정도 주머니에 넣고 안동역에서 출발하여 부전역까지 열차를 타고 갔다. 대학생이라 당연히 차는 없었고 부전역에서 내려 지하철과 버스를 타고 부산의 송정해수욕장

에 갔다. 요즘 부산의 송정은 으리으리한데, 그 시절에는 식당 몇
개가 있고 대문 옆 벽에 '민박'이라고 적혀져 있는 바닷가였다. 예
약도 없이 주인 할머니에게

"5명인데 얼마이껴?"

했더니

"중간 방 하나 있는데 6만 원임더"

"학생이라 돈이 부족한데 좀 깎아주소."

사정사정을 해서 5만 원에 할머니 살림살이와 쌀 3포대가 함께
있는 멋진방을 득템할 수 있었다. (방 수준은 상상에 맡긴다.)

현재 우리 가족은 한 달에 한 번은 율시헌에 가서 집 주변 정리
도 한다. 요즘 같은 여름철에는 예초기로 풀도 베고 푹 쉬어가기도
한다. 대도시 아파트에서만 살던 두 아들에게 율시헌은 아빠가 태
어난 시골집이자 놀이터인 셈이다.

작년 12월부터 해외여행 자율화 이후 올 1월부터 6월까지는 작
년에 비해 예약률이 딱 반 토막이 났다. 2023년 상반기 6개월 평균
12박. 전국에 있는 독채 숙소가 대부분 그럴 것이다. 작년이 코로
나 특수였던 건 분명하다. 일반 자영업자에게 매출이 줄어드는 건
힘든 일이다. 나 또한 매출이 증가하였으면 좋겠다.

최근 전국에 있는 한옥 스테이를 상대로 전통 한옥 브랜드화 사
업 공모를 했는데 율시헌이 선정되어 지난주 서울 종각역 근처에

있는 한국관광공사 서울 사무소에 가서 협약식을 하고 왔다. 전국에 있는 한옥이 각자 지역성, 자기만의 특성에 맞춰 프로그램을 준비하여 보고 서식으로 자료를 만들어 제출했는데, 율시헌이 선정되었다.

율시헌은 안동 구시장에 있는 원조 안동찜닭 골목 체험을 통한 찜닭 만들어 먹기와 숙소 바로 앞에 있는 '하회 블랑제리'라는 카페에서 조식 패키지 서비스를 7월 중순부터 11월 말까지 숙박 손님에게 제공한다. 많은 손님이 이용하고 혜택을 누렸으면 좋겠다.

율시헌 방명록

　세상에는 여러 직업이 있다. 그중에서도 예술과 관련된 직업은 다양하다. 대표적으로 소설과 시와 같은 이야기를 만드는 문학 작가, 악기를 연주하거나 곡을 만드는 작곡가, 하얀 도화지나 화선지 혹은 캔버스에 색을 입혀 그림을 그리는 화가 등이 있다. 그 외에도 창작이 필요한 분야의 직업은 더 다양하리라.

　율시헌이라는 시골집을 리모델링 하면서 느낀 점을 열심히 써 내려가고 있다. 책이 완성되면 작가라는 타이틀을 가질 수 있다고 한다. 대단한 작가는 아니지만, 지구에 온 이상 책 한 권은 써야 한다는 누군가의 말처럼 말이다. 사람 일은 어떻게 될지는 아무도 모른다. 혹여 이 책을 계기로 수 권의 책을 쓸 수도 있고, 더 나아가 나중에는 베스트셀러 작가가 될 수도 있을 것이다. 요즘은 한 가지 직업으로는 살기 힘들다. 경제적인 이유로 낮에는 일하고 밤에는 대리운전이나 라이더를 하는 사람도 많다. 여러 가지 환경이나 자신의 주변 여건이 복잡하게 얽혀, 좋아서 하는 것보다는 생계를 위한 목적이 더 강할 것이다.

어쨌든 앞으로 수년 사이에 사라지는 직업이 생기고 듣도 보도 못한 생소한 이색 직업이 생겨날 것이다. 아이를 키우는 이 시대의 부모로서 아이에게 진로의 방향성을 제시해 주는 것이 중요하다.

탈무드에 "물고기를 잡아 주는 것이 아니라 잡는 방법을 가르쳐야 한다."라는 이야기가 있다. 여기서 '잡는 방법'이란 말도 각자 다르게 해석할 것이고, 방법 또한 다양할 것이다. 수학의 답처럼 딱 떨어지는 정답은 없고 부모의 철학과 행동, 그리고 아이 본인의 마음가짐이 중요하다. 우리 부부 역시 두 아이에게 우리만의 교육관과 철학 그리고 사랑으로 키워갈 뿐이다.

율시헌 개업 후 지금까지 약 2년간 다양한 사람이 방문하였다. 카톡의 사진이나 방명록의 글을 보고 직업을 알 수 있었다. 초등학교 혹은 중/고등학교 선생님, 대학 교수, 방송국의 아나운서, OO 농구단의 프로농구 선수 등 다양한 사람이 율시헌이라는 한옥 스테이를 찾았다. 그중 몇몇 기억이 나는 손님을 소개한다. 건축학도 혹은 미대 오빠들이 들고 다니던 둥그런 플라스틱 통을 메고 와서 집 툇마루에 앉아 감나무를 바라보며 연필을 이용하여 거의 하루 종일 그림을 그리다 간 손님.

여러 명의 여성이 본인 키 정도의 가야금은 물론 다양한 국악기를 들고 와서 마당에서 연주하며 동영상을 찍은 국악 전공자들.

독일 베를린 필하모니 오케스트라의 악기 연주자와 가족들.

그리고 80년대 초반에 미국 뉴욕으로 이민을 가서 세탁소를 40년간 하다가 고국을 찾은 중년의 부부와 따님 두 명.

방명록에 적혀 있는 글처럼 낮에는 새 소리와 매미 소리를 듣고 밤에는 귀뚜라미 소리를 들으며 좋은 영감을 얻고 갔다는 드라마 작가.

이런 예술가는 물론 재방문을 해주신 청주의 하서현 님과 친구들, 허모랑 님 가족, 전북 장수에서 환갑을 맞이하여 여고 동창 여행을 온 안계자 님과 친구들.

인스타에 천주교 안동교구 두봉 신부님과의 인연을 인스타그램에 올렸더니, 율시헌에서 자고 다음 날 두봉 신부님을 보러 간다던 가톨릭 대학교 교수님과 가족.

가장 최근에 얼굴을 뵈었던 박혜란 님과 가족. 남편과 본인은 둘 다 서울 토박이라 시골이 없는데 "율시헌 같은 친정이 있었으면 좋겠다."라고 했다. 시골 농가를 한 채 사서 꾸미고 싶다고 했기에 책이 완성되면 한 권 보내 드리려 한다. 도움이 되기를 바란다.

내가 사는 울산 집은 친척과 지인들만 찾아온다. 그런데 율시헌이라는 한옥 스테이에는 전국 각지는 물론 해외에서 다양한 손님이 찾아온다. 여행의 목적과 각자 느끼는 생각은 다르겠지만.

율시헌, 그리움을 머무름으로 다독이며

누군가는 말한다. "모든 것이 빠르게 지나가다 보니 어느새 어른이 되었다고!" 할머니 댁에서 느꼈던 따뜻함을 그리워하고, 또 다른 이는 자신의 아이와 그 시절의 유대를 형성하고 싶어하기도 한다. 특별한 것이 없어도 즐거웠던 어린 시절로 다시 한번 갈 수만 있다면 말이다.

그리움을 머무름으로 다독이며….
율시헌에 온 여러분 모두 좋은 추억이 쌓이고 힐링이 되었으면 좋겠다.

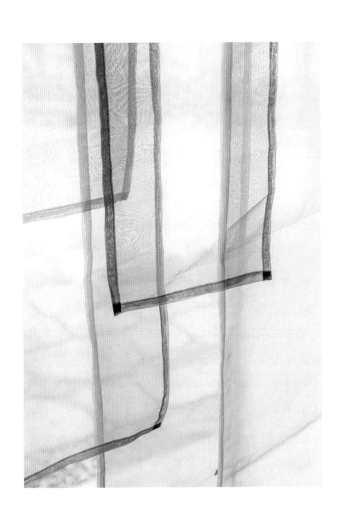

군대 동기 가족들의 방문

전북 익산시 여산면에서 20대 초반에 군 생활을 하였다. 지금은 육군 부사관 학교로 이름이 바뀌었지만, 그 당시에는 육군 하사관 학교로 불렸다. 부사관 생활을 한 것은 아니고 부사관 후보생 혹은 하사, 중사를 교육하는 조교로 군 생활을 하였다. 논산에 있는 육군 훈련소의 조교를 초등학교 선생님이라고 한다면, 육군 부사관 학교의 조교는 중·고등학교 선생님이라고 표현을 하면 적절할 것 같다. 그 이유는 특정 주특기가 있어서 한 과목만 교육하면 되기 때문이다.

각 내무실 입구에는 숫자가 아닌 분대공격, 분대방어, 소대공격, 소대방어, 개인화기, 박격포, 장애물, 독도법, 화생방, 기초유격, 산악유격 등의 이름이 적혀 있다. 전투에서 필요한 전술과 병기 사용법, 적의 각종 공격에 대비한 대처 방법을 교육하는 군사 교육 시설이다. 육군 장교를 교육하는 전남 장성의 상무대와 유사한 시설로 이해하면 빠를 것 같다.

윤시현, 그리움을 머무름으로 다독이며

　　전국 팔도에서 대학 생활을 하다가 이곳 익산에서 만난 우리 동료는 각자가 맡은 과목의 교육을 위해 열심히 공부하였다. 낮에는 부사관 후보생의 교육과 교장 정리, 밤에는 북한군 전술이 쓰인 두꺼운 책을 밤새 달달 외웠다. 예전의 표준전과와 동아전과 두께의 무시무시한 책을 수 권씩 달달 외웠다. 점호시간에는 고참의 테스트가 이어지는 등 나름 빡센 군 생활이었다. 전방에서 군 생활을 안 해봐서 뭐가 더 힘든지 비교하기는 어렵겠지만….

　　이곳 익산에서 4월 군번 동기이자 동고동락했던 두 명의 친구가 있다. 현재 삼성 SDI에 근무하는 황근태와 인천지방경찰청에서 근무하는 맹민호. 이 둘은 1979년생으로 나보다 한 살 적은 동생들이다. 전역 후에는 형이라 부르기로 하고선 아직도 반말하는

놈들이다. 아무튼 전역 후에도 우리 셋은 서울에서도 몇 번 보고 과거 율시헌 옛집에 살았을 때 놀러 오기도 했다. 영업을 시작하고 얼마 후 이 두 명에게 멋지게 변한 율시헌 사진을 몇 장 보내주고 시간이 되면 한번 놀러오라 하였다. 둘 다 결혼했고 남매를 키우는 가장이다.

먼저 용인에 사는 근태가 2021년 11월 13일 가족과 함께 20년 만에 율시헌을 찾았다. 제대한 지 20년이니 강산이 두 번이나 바뀐 시간이었다. 20년 전 나의 부모님 계실 때와 외관은 바뀐 게 없다고 말했다. 예전 사진과 비교해 봐도 외관은 거의 같았다. 밤에는 근태 가족만 율시헌에서 자고 나는 시내에 가서 볼일도 보고 자고 다음 날 아침에 들어왔다. 마침 늦사과인 부사를 따는 시기라 근태 가족을 과수원으로 데려갔다. 바구니를 하나씩 주고 "맘껏 따!" 했더니 뭘 어떻게 따야 할지 모르는 눈치였다. 시범 조교가 한번 보여줬더니 네 식구의 바구니는 금방 탐스러운 사과로 가득 찼다.
"딴 거는 공짜니 전부 챙겨가라!"했다.

근태 제수씨는 공짜는 안 된다고 하며 안 받으려고 했지만, 내가 강제로 두 상자를 차에 실어버렸다. 그러자 친정과 시댁에도 드리고 친한 친구들과 나눠 먹는다고 추가로 두 상자를 샀다.
돈이 중요한 것이 아니라 군대 동기가 안동에 놀러 와서 주고 싶었다. 사서 주는 것도 아니고 과수원에서 키운 율시헌 표 사과를 말이다. 풋사과 같은 젊은 시절 만나서 이제는 발갛게 익은 사과가 된 우리.

그때보다 더 어른이 되었지만, 풋사과 시절이 더 그리운 이유는 뭘까? 다음에 만날 약속을 하고 그렇게 우리는 헤어졌다.

인천에서 경찰을 하는 민호는 제대 후 경찰공무원 준비를 위해 핸드폰도 버리고 안동으로 왔다. "안동에는 왜 왔냐?" 물으니 산 좋고 물 좋고 아는 사람도 없어 공부하기 딱 좋다고 말했다. 안동 외곽에 있는 고시원에서 먹고 자면서 공부했다. 가끔 고시원에 있는 민호를 시내로 태우고 나와서 밥도 사주고 콧바람도 세게 해준 덕에 경찰공무원 시험에 합격했다.

합격 후 처음에는 서울경찰청 기동타격대에서 소대장으로 근무하며 완전무장을 하고 데모를 막고 재개발 반대 현장 등에서 근무해서 힘들어하였다. 얼마 뒤 고향인 인천으로 가서 지금까지 인천에서 근무 중이다.

2022년 11월 19일 민호와 율시헌에서 만났다. 나의 둘째와 민호 첫째가 동갑이라 서로 통하는 듯 금방 친해지며 친구가 되었다. 두 가족은 차 한 대에 타고 하회마을로 향했다. 하회마을 3킬로 전에 차를 세우고, 셔틀버스를 타고 다시 하회마을로 들어가야 한다. 그리고 입장료를 내고 도보로 하회마을 둘러봐야 한다. 하지만 우리는 친구 찬스를 사용했다. 홍일이라는 친구는 하회마을 원주민이기에 입장권도 필요 없고 차도 들어갈 수 있다. 예전 엘리자베스 2세 영국 여왕이 방문했을 때 혹은 대통령, 장관, 도지사급이 온 것

처럼 바이패스를 하여 강가 바로 앞까지 들어갔다. 하회마을 강 건너 부용대라는 곳까지 차를 타고 올라가서 물이 굽어 흐르는 마을(河回村)을 제대로 보고 내려왔다.

1박 2일간 안동 한우, 안동 찜닭, 안동 문어, 안동 헛제삿밥, 안동 간고등어, 안동 소주, 안동 식혜 등 안동과 관련된 음식은 다 먹어볼 만큼 음식 여행을 했다. 짧은 1박이었지만, 오랜만에 만난 친구와 안동소주와 맛있는 안주와 함께 회포를 풀었다.

중국 당나라의 유명한 시인이자 애주가였던 이백(李白)의 산중대작(山中對酌)이란 시(詩)를 변형하여 읊기도 하며, 맛있는 음식을 먹으며 행복한 시간을 보냈다.

윤시헌, 그리움을 머무름으로 다독이며

兩人對酌笑花開 (양인대작소화개)

一杯一杯復一杯 (일배일배부일배)

我醉欲眠君且去 (아취욕면군차거)

明日有意仁川來 (명일유의인천래)

두 사람이 마주 앉아 술을 마시니 웃음꽃이 피네

한잔, 한잔, 또 한잔

나는 술에 취해 자려 하니 자네는 이제 돌아가게나

내일 또 술 생각나면 인천으로 오시구려

윤시현, 그리움을 머무름으로 다독이며

우리 가족의 율시헌 활용법

율시헌이란 공간.

다른 사람에게는 한옥 숙소이며, 나에게는 나고 자란 집이다. 또한 우리 가족에게는 한 달에 한 번 가서 휴식을 취하는 세컨 하우스다. 안동에서 울산으로 돌아오는 차 안에서 둘째는 "아빠! 다음 달은 또 언제 와요?" 할 만큼 율시헌이 좋은 모양이다. 도시에서는 느끼지 못한 넓은 마당에서 형이랑 뛰어다니고 숨바꼭질도 하고 모든 것이 장난감이자 놀이터이니 말이다.

수년 전 유치원에 다니던 둘째가 풀이 무성하고 방치된 집을 처음 보았을 때가 생각난다. "아빠! 귀신이 나오는 집이에요?" 하고 말했다.

풀숲을 헤치며 마당을 들어왔을 때 모기에게 온몸 서른 군데 정도 물려서 혼이 나서 무서워하기도 했다. 그 후 공사가 시작되고 100여 일 동안 나는 매주 안동으로 향했고, 그럴 때마다 둘째는 "아빠! 또 어디 가요?" 물었다. 그럴 때마다 나는

"응! 안동에 있는 귀신 집에 가서 귀신도 쫓고 멋진 집으로 변신시키러 간단다."

했던 기억이 난다. 그렇게 시간이 흘러 귀신들은 다 도망가고 멋진 집으로 바뀌고 난 후 아들들을 데리고 안동으로 왔을 때 둘은 눈이 휘둥그레졌다.

"아빠! 아빠가 집을 고쳤어요?"

"응 아빠가 다 고쳤지!"

"우와…. 어떻게요? 아빠 마술사예요?"

당시 7살 눈에는 모든 것이 신기하고 진짜 아빠가 마법사라도 된 듯 믿었을 것이다. 내가 마당에서 뭘 하고 있으면 졸졸 따라다니며, 모든 것이 신기한 것처럼 물었다. 예전의 내가 아버지에게 했던 것처럼 자신들도 해보겠다고 하면서. 그 후에도 한 달에 한 번 특별한 일이 없는 한 안동에 온다. 2년 가까이 오다 보니 두 아들도 컸고, 서로 뭘 해야 하는지 아는 듯했다.

나는 제초 작업이나 배수로를 정비하고, 아내와 애들은 화단의 꽃을 정리하거나 잡초를 뽑는다. 주기적으로 한식 문을 탈거하여 창호지를 새로 바를 때면 두 아들은 종이를 줄자로 재고 칼로 자르고 풀을 발라서 붙인다.

어른 한 사람의 몫은 확실히 하고 도와주는 것 자체가 어떨 때는 대견스럽기도 하다. 다 같이 땀을 흘리고 먹는 음식이야말로 꿀맛 그 자체이다. 울산에서는 밥 한 공기 먹기 싫어하던 녀석들이 안동

윤시현, 그리움을 머무름으로 다독이며

에서는 별다른 반찬 없어도 두 그릇씩 먹는다.

밥을 먹다가 제안 하나를 했다. 집은 같은 자리에 있을 거고 너희들은 매년 키가 크고 점점 어른이 될 거니 1년에 한 번 율시헌에서 가족사진을 찍자고. 사업자 등록일인 7월 1일을 율시헌 생일로 정하여 찍기로 했다. 만장일치로 가족사진 촬영일이 정해졌다. 작년에 이어 올해도 우리 가족은 2주년 기념사진을 찍고 우리만의 파티를 열었다.

지금까지 2번 찍었으니 앞으로 48번 더 찍어 50장을 채우고 싶은 바람이다. 하하하

SG 워너비 김진호의 "가족사진" 이란 노래가 있다.

바쁘게 살아온 당신의 젊음에 의미를 더해줄 아이가 생기고
그날의 찍었던 가족사진 속의 설레는 웃음은 빛바래 가지만
어른이 되어서 현실에 던져진 나는 철이 없는 아들딸이 되어서
이곳저곳에서 깨지고 또 일어서다
외로운 어느 날 꺼내 본 사진 속 아빠를 닮아있네

내 젊음 어느새 기울어갈 때쯤 그제야 보이는 당신의 날들이
가족사진 속에 미소 띤 젊은 우리 엄마
꽃피던 시절은 나에게 다시 돌아와서 나를 꽃 피우기 위해 거름이 되어버렸던
그늘진 그 시간들을 내가 깨끗이 모아서 당신의 웃음꽃 피우길

가족이란 의미를 다시 한번 되새기게 하고, 혼자
듣고 있으면 먹먹해지는 멋진 노래이다.

도유야! 재하야! 누가 가질 거야?

어느 날, 아내 친구 내외가 율시헌에 놀러 왔다. 얼마 전 장마 때 지하차도 침수 사건이 발생한 충북 청주 오송에서 친구 내외는 하나은행에 다닌다. 아들, 딸 하나씩 낳아 동갑내기 부부는 알콩달콩 살아간다. 청주에서 안동까지는 2시간 채 안 걸리는 거리기에 우리는 아내 친구 네를 초대했다. 우리 아이들은 초5, 초2이고 그 집은 초4, 초1이라 만나면 서로 코드가 맞는 친구가 된다. 아내의 친구 미희의 남편 민기는 나보다 여섯 살이나 적다. 붙임성이 있고 쾌활한 성격으로 항상 분위기 메이커 역할을 하는 매력덩어리다.

안동의 주요 관광지인 하회마을, 병산서원을 비롯해 안동 시내에 있는 맘모스 빵집에서 배를 채우고 경상북도 독립운동기념관으로 향했다. 1894년 갑오의병에서 안동농림학교 학생항일운동에 이르기까지 안동 출신 독립운동가가 벌인 항일운동의 역사 자료

율시헌, 그리움을 머무름으로 다독이며

를 전시하고 있는 기념관이다. 사단법인 안동독립운동기념사업회가 안동 지방의 민족정신을 고취하기 위해 국가보훈처와 안동시의 지원을 받아 2007년 건립하였다. 제1전시실은 안동 출신 독립운동가의 국내 활동상을, 제2전시실은 중국으로 망명한 안동 출신 애국지사의 활동상을, 제3전시실은 안동 출신 독립운동가를 추모하는 공간으로 운영하고 있다.

안동은 전국에서 가장 많은 독립운동가를 배출한 독립운동의 성지이다. 안동 지역에만 머무는 것이 아닌 국내외적으로 대표성을 가질 정도로 활발하게 이루어졌다. 특히 조선 말기부터 일제강점기 내내 의병항쟁과 계몽운동, 자결 순국, 만주 지역 무장 항일투쟁, 3·1운동, 유림단 의거, 청년운동, 6·10 만세운동, 사회주의운동 등 분야를 가리지 않고 활약하였다.

분야별 대표적인 인물로는 임시정부 초대 국무령을 지낸 이상룡과 만주 지역에서 항일운동가로 활동한 김동삼, 계몽운동가 류인식, 사회주의 운동가 김재봉과 권오설, 의열투쟁 김지섭과 김시현, 아나키스트 유림, 저항 시인 이육사, 자결 순국자 이만도 등을 꼽을 수 있다.

초등학생의 눈높이에서 이런 역사적 사건과 안동의 이야기를 나는 가이드가 된 듯 아이들에게 열심히 설명해 주었다. 아빠와 함께 갔던 곳을 나중에 역사 교과서에서 보았을 때 분명 느끼는 것이 있을 거로 생각하기 때문이다.

집으로 돌아오는 길 안동댐 초입에 있는 임청각을 들렀다. 앞에서 이야기한 것처럼 임시정부 초대 국무령을 지낸 이상룡 선생의 99칸 고택과 7층 전탑이 우리를 반겼다. 일제가 민족정기를 끊기 위해 임청각의 일부 건물을 부수고 마당으로 중앙선 철로를 부설하였다. 90년간 청량리역까지 운행한 열차는 재작년부터 복선화 공사를 끝냈다. 드디어 임청각 앞마당이 아닌 다른 곳으로 KTX 이음 열차가 다니게 되었다. 구 안동역사도 진성의 '안동역에서'라는 노래비를 남겨두고 송현동 역사로 옮겨가 버렸다. 방음벽과 철로를 제거한 임청각을 보니 이런 생각이 났다. '나라와 국민은 1945년에 해방이 되었지만, 임청각은 지금 해방이 되었구나.' 예전의 모습을 되찾기 위해 문화재청에서 현재 한창 복원 공사를 하고 있다. 복원이 완료되는 날을 기대해본다.

저녁이 되었다. 안동 재래시장에서 저녁거리를 한 보따리 사서 율시헌으로 돌아왔다. 너무 돌아다닌 탓에 애들은 배고프다고 아우성을 치고 나의 둘째는 자고 있었다. 주방과 마당에서 맛있는 음식을 빠르게 준비했고 어느새 마당에는 음식이 한 상 준비되었다. 술과 함께 먹는 야외에서의 저녁 식사는 어느 때보다 맛있었다. 더더욱 좋은 사람들과 함께이기에 금상첨화였다. 배가 어느 정도 차고 이야기가 한참 무르익을 무렵 청주에서 온 민기는 나의 두 아들에게 질문했다.

윤시헌, 그리움을 머무름으로 다독이며

"도유(첫째)야, 재하(둘째)야 율시헌 누가 가질 거야?"

두 아들은 서로 눈치라도 보듯 서로 마주 보다가 둘째가 먼저 말했다.

"제가 가질 건데요."

첫째는 쿨하게

"그래, 너가 가져!"

그러자 민기는

"윤담아(민기의 딸), 너 재하 오빠랑 결혼해라!"

질문한 민기도 생뚱맞지만, 대답을 한 두 아들도 나무 웃겼다.

초등 2학년 재하와 초등 1학년 윤담이는 서로

"싫어! 싫어!"

하면서 볼이 발갛게 변해 있었다.

민기는 재하에게

"앞으로 장인어른이라고 불러."

라고 했고, 나는 윤담이에게

"며늘아…."

하고 불렀다. 하하하

한국관광공사 브랜드화 사업에 선정되다

　문화체육관광부와 한국관광공사는 '전통한옥 브랜드화 지원사업'에 참여할 사업자를 2023년 4월 24일부터 5월 18일까지 모집한다는 공고를 발표했다. 홈페이지에서 사업요강을 꼼꼼히 읽었다. 우수한 한옥 체험업체를 발굴해 상품개발부터 홍보·판매까지 통합 지원하는 사업이었다. 올해까지 4년째 이어지고 있으며, 지금까지 155개 사업자가 지원을 받기도 했다.

　올해 사업은 30개 한옥 체험업체를 지원한다고 했다. 관광진흥법에 따른 한옥 체험업 등록과 사업자등록을 한 사업자라면 누구나 지원할 수 있었다. 선정되면 전통 체험사업 운영 자금을 최대 2,000만 원까지 지원받을 수 있는 사업이다. 체험상품, 숙박상품 운영에 관한 분야별 전문가 맞춤형 컨설팅이 제공된다. 상품홍보 콘텐츠 제작, 매출 성장을 위한 판로 지원 등 다양한 혜택이 주어졌

윤시현, 그리움을 머무름으로 다독이며

다. 전통 한옥이 MZ세대 이색 숙소로 나날이 관심이 증가하고 있다. 지역의 특색있는 체험 프로그램과 연계해 관광객의 만족도를 높이고, 업체의 인지도와 매출을 증가시킬 좋은 기회였다.

홈페이지에서 양식을 다운로드 받아 조건에 맞게 빈칸과 사진을 채워나갔고 일주일 정도 걸려 서류 작성을 완료하였다. 나는 과수원에서 사과 따기 체험, 율시헌 마당에서 국악 전공자와 함께 하는 가야금 체험, 안동찜닭 골목 투어와 찜닭 만들어 먹기 등 여러 체험 안을 작성했다. 한 달 정도 지났을 무렵 1차 서류전형에 합격했다는 문자가 왔고 현장검증을 하러 온다고 했다. 6월 19일 관광공사 심사단이 율시헌을 방문했다. 오기 전에 전화 통화를 했는데 "물 한잔도 안 먹으니 아무것도 준비하지 말라." 하였다. "전국에 있는 수많은 한옥스테이를 방문하고 심사를 하는 거라 공정한 심사를 위해 어쩔 수 없다."라고 하면서 말이다.

스테이폴리오와 방송국에서 방문했을 때와 같이 율시헌의 역사, 리모델링을 한 계기, 나의 가치관, 스토리텔링 등 예상했던 질문을 하였다. 1시간가량 프리젠테이션을 하듯 열심히 발표했고, 심사는 끝이 났다. 안동에서도 몇 군데 한옥스테이들이 접수했다고 말했다. 좋은 결과를 기대하며 헤어졌다. 그리고 보름 뒤 23년 전통 한옥 브랜드화 지원사업에 최종 선정되었다는 문자가 왔다. 나름 열심히 준비했고 선정되었다고 하니 기뻤다. 서울, 전주, 경주, 나주, 강릉, 안동 등 전국에서 30개 업체가 선정되었고 안동에는 "수애당"이라는 고택과 "율시헌"이 선정되었다.

　서울 종각역 근처에 있는 한국관광공사 서울 사무소에서 7월 13일 협약식이 있었다. 나는 울산역에서 서울역까지 KTX를 타고 갔다. 전국의 30개 한옥스테이 대표들이 전부 모여 협약식을 하고 질의응답 시간을 가졌다. 율시헌은 7월 15일부터 11월 30일까지 다양한 체험상품을 제공한다. 이 기간에 숙박하는 손님은 다양한 체험과 혜택을 누릴 수 있기에 손님이 많이 왔으면 하는 바람이다.
　이외에도 SNS 홍보 컨설팅, CESCO 방역 지원 등 직·간접적으로 많은 도움을 받는다. 또한 한국관광공사 홈페이지에 올릴 사진과 체험 프로그램의 실제 모습, 호스트의 인터뷰 등을 위해서 8월 말 사진작가가 방문하기로 했다.
　한옥에서의 특별한 체험! 다양한 컨셉과 방법이 있을 것이다. 올가을에는 손님을 위한 것이 아니라 동네 주민을 위한 '율시헌 음악회'를 준비 중이다. 약간의 다과와 음료를 준비하고 조그만 무대를 설치할 계획이다. 음악을 전공한 고등학교 친구 몇 명과 나의 음대 동기 몇 명을 초대해서 말이다.

전통한옥, 브랜드화 지원사업

선정되면 무엇이 좋을까요?

자금, 컨설팅, 판로지원까지 한번에!
전통한옥지원 올패스 패키지

최대 국비 2,000만 원(국비 80%, 지자율 20%)까지 전통한옥 체험상품 개발·운영 지원비, 홍보콘텐츠 제작, 상품 판매 모두 지원받을 수 있어요.

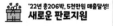

'22년 총206박, 5천만원 매출달성!
새로운 판로지원

22년에는 크라우드 펀딩 펀매(12개 업소 참여)로 전통한옥 업소들을 알리고 높은 매출을 달성했습니다. 23년, 더 풍부해진 경험과 노하우로 업소 매출 성장에 함께 하겠습니다.

우리 한옥의 매력을 널리 널리!
홍보콘텐츠 제작

전문 취재단이 직접 업소를 방문! 사진, 영상 촬영 후 고퀄리티 홍보콘텐츠를 제작해요. 이후 한국관광공사 대한민국구석구석 홈페이지, 하늬하늬 인스타그램에 업로드됩니다.

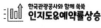

한국관광공사와 함께 쑥쑥
인지도&예약률상승

22년 선정 업소 중 무려 80%가 본 지원사업으로 업소의 브랜드가치와 고객인지도가 상승했다고 평가해주셨어요. 예약률도 47%나 증가했다고 전해주셨습니다.

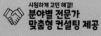

시원하게 고민 해결!
분야별 전문가 맞춤형 컨설팅 제공

필요성은 느끼지만 어렵기만 했던 SNS 사용, 판로개척, 새로운 체험상품개발 등 분야별 전문가의 체계적인 컨설팅을 1:1 맞춤형으로 받을 수 있어요.

도와주신 여러분들

　사람은 혼자 살 수 없다. 누군가의 도움을 받기도 하고 주기도 하며 관계를 맺으며 살아간다. 회사와 같은 조직 생활을 할 때도 구성원 간 맡은 바 임무를 수행하며 부족한 면이 있을 때는 어느 한쪽의 희생과 도움이 필요하다. 어떤 관계든 같다. 시골 옛집을 수리하기로 마음을 먹고 충남 서산에서 경북 안동까지 3시간 정도의 거리를 매주 가야만 했다. 한 달에 한, 두 번은 금요일 월차를 쓰고 연속 3일간 안동에 있기도 하였다. 업무 특성상 금요일은 당연하고 토요일에도 출근해야 하는 상황이었다. 회사 관리자에게 사실대로 이야기하고 협조를 구했다. 같이 일하는 동료에게도 자초지종을 말했다. "3개월 정도는 이런 상황이니 나 대신 업무를 처리해 달라"고 말이다. 개인주의가 심한 요즘 같은 시대에도 불구하고 많은 도움을 주신 김대기, 탁운동, 강상규, 오한영, 오태영 형들은 물

　윤시현, 그리움을 머무름으로 다독이며

론 이상범, 김정수, 송동규, 황태진, 김민호 동생들에게도 감사의 인사를 전하고 싶다.

서산에 사는 장인, 장모님은 물론 성순 동서와 철우 동서도 많은 도움을 주었다. 큰동서는 CCTV와 전등을 설치해 주기도 하고, 작은동서는 마당의 디딤돌을 같이 깔아주는 등 시간과 비용 등 많은 면에서 지원해 주었다. 특히 장인어른께서는 사위인 나를 사위가 아닌 아들처럼, 어떨 때는 막냇동생처럼 아껴주시고 많은 도움을 주셨다. 공사할 때도 거리가 멀어 도움을 많이 못 줬다며 항상 말씀하신다.

그리고 안동에 사는 고등학교 후배이자 송현동에서 태권도 학원을 운영하는 이동우. 지난번 방송촬영 때 자칭 안동 간고등어 전문가로 출연 후 지인들로부터 수십 통의 전화도 받았다고 했다. 내가 매주 안동에 갈 때마다 전화해서

"커피 사 와라!"
"뭐 사 와라!"
"밥 사라!"
"심심하니 놀러 와라"
"술 같이 먹자"
스토커보다 더 괴롭혔다. 다행히 아직 미혼이라 가능했다.
"이제 좀 그만 오소."
"나한테 전화하지 마소."

말만 이렇게 하고 막상 전화하면

"뭐 필요한 거 없니껴?"

하면서 항상 도움을 준 친구 같은 후배이다. 아무튼 머슴처럼 부려 먹은 것 같아 항상 고맙고 미안한 생각이 든다.

얼마 전에도 율시헌 마당에서 만나 옛 추억을 안주 삼아 즐거운 시간을 보냈다.

또한 입사 동기와 대학 동기인 하지홍, 김영범, 홍성민, 이도환. 어려울 때 서로 힘이 되어주고, 기쁠 때 함께 하는 친구 같은 동생들에게도 고맙다는 인사를 전하고 싶다. 다음 달인 2023년 11월에 서산에 한번 갈 테니 서산동부시장 가서 해산물에 소주 한잔하자!

모루초 디자인 박선은 대표와 현장에서 진두지휘한 소장님, 율시헌 옆집에 사시는 재휘 형님 이 모든 분의 도움이 있었기에 '율시헌'이라는 집이 다시 태어났다고 생각된다. 귀신이 나올 것 같은 폐가가 아닌 감성 숙소로 변신했고 나의 인생 버킷리스트의 하나를 완성할 수 있었다. 이런 소중한 인연이 모여서 만들어진 결과물이라고 생각한다.

끝으로 이 집을 살리자고 했을 때 처음에는 망설였지만, 나중에는 전폭적인 지지와 함께 고민하고 더 멋지게 집을 만들 수 있게 해준 아내 '김영은'에게도 고맙다는 말과 함께 "수고했어!"

라는 말을 해주고 싶다. 그리고

율시헌, 그리움을 머무름으로 다독이며

"사랑한다.!" 라는 말까지….
어느 책에서 본 글이 생각난다.
행복한 부부가 되는 일곱 가지 방법

하나. 남편은 애정 표현을 하고, 아내는 남편의 자존심을 세워줘라.
둘. 부부는 한 팀이라는 것을 명심해라.
셋. 배우자의 단점과 함께 사는 지혜를 가져라.
넷. 부부싸움이 과열되기 전에 '타임아웃' 제도를 가져라.
다섯. 대화의 기술을 배워라.
여섯. 부부 공동의 꿈을 만들고 실현하도록 노력하자.
일곱. 배우자의 가장 친한 친구가 되자.

　　지키고 실천하는 것도 있지만, 못했거나 안되는 것도 있다. 일곱 가지를 전부 실천할 수 있도록 나의 버킷리스트에 포함해야 할 듯하다.

윤시헌, 그리움을 머무름으로 다독이며

시골집 리모델링을 준비하시는 분들께

　얼마 전 MBC에서 방영하는 '빈집살래 시즌3 수리수리 마을수리' 라는 방송을 보았다. 폐가로 방치된 빈집을 발굴하여 새롭게 재탄생시켜 빈집을 재생시키는 프로그램이다. '전북 전주시 팔복동'이라는 마을에 4개의 빈집을 상업 공간으로 재탄생시켜 마을 전체를 재생하는 것을 방영했다. 전주 한옥 마을을 잇는 새로운 랜드마크를 조성하는 목적도 있었다. 인구 60만이 넘는 전주에도 저런 곳이 있을까 하는 생각이 들 만큼 도심의 슬럼화가 심해 보였다. 전주보다 훨씬 작은 지방의 도시와 농촌은 말할 필요가 없을 정도로 빈집이 즐비하다. 앞에서도 언급했듯이 막상 사려고 하면 생각보다 가격이 비싸거나 주인이 팔지 않기에 여러 가지 문제점에 부딪힌다.

　교과서적이고 뻔한 답변이긴 하나, 촌집을 수리해서 주말에 와서 생활하는 게 로망인 사람이 많을 것이다. 그런데 정보가 빈약해 어떻게 할지 막막할 것이다. 현재 사는 곳과 거리, 땅의 크기, 구옥의 상태가 중요하다. 또 건축물대장이 있는지, 진입로가 없는 맹지여부, 사기꾼한테 당하면 어쩌지 하는 등 고민거리가 한둘이 아닐것이다. 매주 전국을 구석구석 돌아볼 수도 없고, 머릿속에만 생각하고 있을 뿐 실제로 행동으로 옮기기 어려운 게 현실이다. 생각만하고 있으면 아무것도 하지 못한다. 여성에게 고백하고 퇴짜를 맞는 게 후회가 없듯이, 말도 못 해보면 나중에 후회가 되는 것처럼. 본인의 나이도 중요하다. 내 또래의 40대는 직장 생활을 접고 귀농이나 귀어하지 않고서는 힘들다. 자식의 교육 문제나 금전적인 문제라는 현실에 부딪히게 된다.

하지만 진짜 바란다면 장기간 계획을 세우고 차근차근 준비한다면 못 할 것도 없다. 나는 이 집에서 나고 자랐지만, 결국 이 집을 조카로부터 매입했다. 조금씩 준비했고 말 못 할 힘든 점도 많았지만, 결국에는 옛집을 복원하는 데 성공하였다. 또한 한옥스테이를 운영하며 수익도 내고 있으며, 15년 뒤에는 내가 살지는 모르겠지만, 노년 내 집을 준비했다는 의미도 있다. 회사 사람 혹은 친구들, 주변의 지인도 본인의 경우를 말하며 조언을 해달라 하기도한다. 나는 이런 분야에 전문가도 아닌데, 마치 내가 전문가인 것처럼 물어본다. 부딪혀 보고 발품을 팔고 도둑놈으로 오해를 받기도 해야 한다.

100% 리모델링 업체에 맡기기보다 내가 할 수 있는 것은 내가

윤시현, 그리움을 머무름으로 다독이며

해야 공사 비용을 줄일 수 있다. 율시헌 공사를 했던 2년 전과 비교해 지금은 자잿값과 인건비가 2배 가까이 올랐다. 2배라 하면 감이 잘 안 올 것이다. 예를 들어 율시헌 공사비용이 총 3억 들었다면 지금은 최소 5억이 상이 든다. 아무리 작은 시골 촌집이라도 최소 1억은 있어야 한다. 지붕은 컬러강판 기와에 아파트와 같은 샤시를 끼우고 나의 노동력이 전체 작업의 30% 이상 들어갔을 때 말이다. 즉 내가 할 수 없는 것은 남에게 맡기고 내가 할 수 있는 것은 전부 스스로 해야 한다.

시작도 하기 전에 겁부터 먼저 먹을 필요는 없다. 부딪히며 배우고 다시 하고 주변의 도움도 받고 하면 된다. 처음부터 잘하는 사람은 없듯이 하면서 배우는 것이 더 큰 배움이다. 나 같은 경우 기와 담을 쌓을 때 옆에서 눈대중으로 보면서 하다 보니 자연스럽게 되었던 일도 있다. 하지만 막무가내로 하면 안 된다. 실패 비용이 많이 발생하고 공사 시간이 지연되는 어려움이 생긴다. 마스터 스케줄을 짜고 자신만의 계획을 완벽하게 세워야 한다. 요즘은 유튜브를 보면 웬만한 거는 다 동영상으로 볼 수 있고 배울 수 있다. 율시헌 수리 전 동영상을 수천, 수만 개를 보았다. 화면캡처하고 종이로 출력하여 메모도 하고 스크랩은 물론 어느 지역이든 주말에 가서 직접 보고 오기까지 하면서 나름대로 준비를 철저히 했다.

작년 경주 컨벤션에서 한옥 박람회가 열렸다. 하회마을 근처 경북도청 신도시에서 오신 안동분이 나에게 질문했다. 한옥에 엄청 관심이 많은 30대 부부였는데 꼬리에 꼬리를 무는 질문을 계속

하였다. 위에서 언급한 대로 대답하였고, 우리의 대화는 1시간 가까이 계속되었다. 이야기가 끝날 즈음 다음에 안동에서 한번 뵙자고 약속하고 전화번호도 주고받고 헤어졌다. 올가을에도 경주에서 한옥 박람회가 열린다. 작년에 만난 행사 주최자가

"율시헌 대표님, 내년에는 연설 한번 하시죠."

했던 기억이 난다.

이 책이 발간되면 한번 해보고 싶은 생각도 있다. "저지르고 보자"라는 말도 있듯이 뭐든 시작해야 한다. "구더기 무서워서 장 못 담글까?" 란 말도 있다. 그렇다고 책임도 못질만큼의 일을 저지르란 말은 아니다. 이 글을 읽는 독자라면 자신의 현실을 정확히 파악하고 평가할 필요가 있다. 게임에서 축구팀을 평가할 때 자주 쓰는 원안에 오각형 꼭지를 접하게 하여 그림을 그려보자. 요즘은 MZ세대들이 회사를 선택할 때 활용하기도 한다. 각 꼭짓점에는 연봉, 워라벨, 커리어, 조직문화, 근무지가 있는 것처럼 말이다. 물론 고용 안정성, 네임밸류, 복리후생, 회사의 성장성도 중요하겠지만….

당장 촌집 수리에 가장 필요한 오각형 스탯을 그린 후, 가장 필요한 다섯 가지를 적은 후 평가해 보는 것이 어떨까? 가장 부족한 부분부터 채워 나가면….

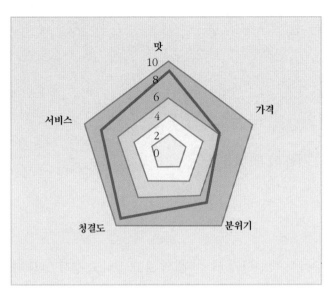

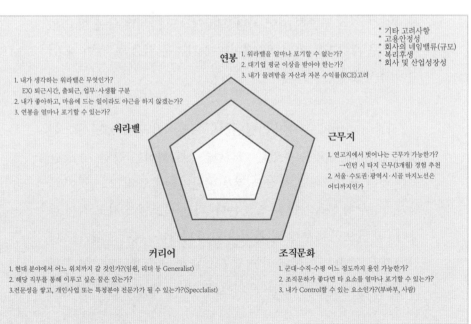

연봉
1. 워라밸을 얼마나 포기할 수 없는가?
2. 대기업 평균 이상을 받아야 하는가?
3. 내가 물려받을 자산과 자본 수익률(RCE)고려

* 기타 고려사항
* 고용안정성
* 회사의 네임밸류(규모)
* 복리후생
* 회사 및 산업성장성

1. 내가 생각하는 워라밸은 무엇인가?
    EX) 퇴근시간, 출퇴근, 업무·사생활 구분
2. 내가 좋아하고, 마음에 드는 일이라도 야근을 하지 않겠는가?
3. 연봉을 얼마나 포기할 수 있는가?

워라밸

근무지

1. 연고지에서 벗어나는 근무가 가능한가?
    →인턴 시 타지 근무(3개월) 경험 추천
2. 서울·수도권·광역시·시골 마지노선은
어디까지인가

커리어

1. 현대 분야에서 어느 위치까지 갈 것인가?(임원, 리더 등 Generalist)
2. 해당 직무를 통해 이루고 싶은 꿈은 있는가?
3.전문성을 쌓고, 개인사업 또는 특정분야 전문가가 될 수 있는가?(Specclalist)

조직문화

1. 군대-수직-수평 어느 정도까지 용인 가능한가?
2. 조직문화가 좋다면 타 요소를 얼마나 포기할 수 있는가?
3. 내가 Control할 수 있는 요소인가?(부바부, 사람)

마치는 글 ────────────────────────

과연 책을 쓸 수 있을까?

처음에는 막연하게 책 한 권 써 보고 싶다고 생각했다. 나의 경험담을 '에세이'식으로 말이다. 막막하기만 했던 이 일도 하루에 한 꼭지(소제목)씩 꾸준히 적어 가다보니 어느덧 마지막 글을 적고 있다. 한 두 페이지도 아닌 300페이지에 가까운 양을 두 달이 채 안 되어 완성했다.

'시작이 반이라고 하지 않았던가!' 두 달여간 글을 쓰면서 느낀 것이 있다. 내 머릿속에 있는 기억들을 시각화하는 작업. 즉 글을 쓰는 것은 장기간에 걸쳐 쓰는 것보다 단기간에 빨리 쓰는 것이 좋았다. "하루에 한꼭지씩 무조건 쓴다" 라는 목표를 정하고 적어 나갔다. 필 받으면 하루에 몇 꼭지씩 적어 나갔다. 비단 소설가도 마찬가지일 것이다. 어떤 작가는 단편소설 한 권을 한 5일만에 쓴다고 했다. 이렇게 할 수 있는 건 바로 '몰입' 이 아닐까 한다. 주변의

윤시현, 그리움은 머무름으로 다독이며

모든 잡념, 방해물을 차단하고 원하는 한 곳에 자신의 모든 정신을 집중하는 일이다. 여기서 에너지가 생기고 완전히 한 가지에 몰입이 되어 평소 능력의 몇 배의 아웃 풋을 낼 수 있다. 이것이 '몰입의 힘'이다.

어떤 이는 "단기간에 쓰면 내용이 빈약하거나, 대충 쓰는 거 아니냐?"라고 반문하기도 한다. 반대로 말해서 "이런 글을 몇 년에 걸쳐 쓴다고 했을 때 과연 글의 퀄리티가 좋아질 수 있겠는가?"라는 반문을 해보기도 한다. 단기간에 써야만 글의 연결성이 좋아지고 기억의 소멸성을 최소화할 수 있는 것 같다. 물론 퀄리티도 크게 차이가 안날 것이다. 논문이나 학술지 같은 글이라면 데이터를 모으고 비교하고 분석하여 정확한 팩트를 적어야 하기에 장기간 준비해야 한다고 생각한다.

예전 시골 할머니들께서 농담삼아 하시던 말이 생각난다. "노니 멸치 똥이나 뺀다" 라는 말이다. 가만히 있는 것보다 뭐라도 한다는 의미이며, 이 말은 나에게 중요한 의미를 가진다. 그냥 살아도 살아진다. 하지만 살아진다는 것과 살아간다는 것은 많은 차이가 있다. 삶의 태도에 관한 중요한 이야기다. 새로운 것에 대해 관심을 갖고 도전을 할 수 있는 용기가 중요하다. 그럴 용기가 부족하면 "친구따라 강남 간다"라는 말처럼 그냥 살아지는 데로 살게 된다. 최근에 어떨결에 '글쓰기 릴레이 프로젝트' 란 모임에 참석하게 되었다. 일주일에 한번 소규모 인원이 모여 하나의 주제로 글을 써서 발표하는 식이다. 서로 공감하고 소통하고 장단점을 스스럼 없이 이야기 하기도 했다. 또한 참여하시는 분들은 선생님, 화가, 작가, 회사원 등 다양한 분들이었다. 많은 도움이 되고 다양한 경험을 할 수 있을 것 같았다.

우리 속담에 "떡 본 김에 제사 지낸다"라는 말이 있다. 이 책이 발간하게 되면 서산에 있는 가족과 함께 가족 북 콘서트라는 컨셉으로 '이벤트 파티'를 하려 한다. 작은 카페를 빌려서 말이다. 내가 대단한 작가도 아니고 '출간기념회'라는 단어는 어울리지 않고 그런 어색함이 싫다.

어느 분이 이런 말씀을 하셨다.
"성공한 사람이 책을 쓰는게 아니라, 책을 쓰는 사람이 성공한다"
라고 말이다. 처음에는 말장난 같았지만, 지금 생각해보니 맞는 말인 것 같다.

책을 쓰는 과정에서 많은 생각을 하고, 포기하지 않고 끝까지 가다보면 결국 책이 완료되고 한 권의 책이 나온다. 그때의 성취감과 나 자신의 대한 대견함이 있을 것이다. 인생에서의 성공이란 말도 이런 노력이 모여서 되는 것이 아닐까?

끝으로 도와주신 모든 분께 다시 한번 감사드리고, 처음에 언급했듯이 도시를 벗어나 시골집을 복원해 살아보고 싶다고 생각한 사람에게 많은 도움이 되면 좋겠다.

2023년 10월
율시헌에서

윤시헌
그리움은 머무름으로 다독이며

지은이 | 권오학
만든이 | 하경숙
만든곳 | 글마당

책임 편집디자인 | 정다희
(등록 제2008-000048호)

만든날 | 2023년 10월 10일
펴낸날 | 2023년 10월 31일

주소 | 서울시 송파구 송파대로 28길 32
전화 | 02. 451. 1227
팩스 | 02. 6280. 0077
홈페이지 | www.gulmadang.com
이메일 | vincent@gulmadang.com

ISBN 979-11-90244-38-1(03540)   값 18,000원